多孔或规整形貌金属氧化物材料制备及性能

张玉娟 著

北 京
冶金工业出版社
2018

内 容 提 要

本书在总结多孔或规整形貌金属氧化物材料的制备方法的基础上，主要介绍了规整形貌氧化锰及其金负载纳米催化剂、介孔过渡金属氧化物及其负载金纳米催化剂、Co_3O_4 和 Co_3O_4/SBA-15 纳米催化剂、嵌入型和负载型铁基有序介孔催化剂以及三维有序大孔金属氧化物及其负载型贵金属纳米催化剂的制备方法、表征技术及性能分析。

本书可供从事金属氧化物材料领域或者多孔催化剂制备领域的科研人员、工程技术人员以及高校师生阅读和参考。

图书在版编目(CIP)数据

多孔或规整形貌金属氧化物材料制备及性能/张玉娟著.
—北京：冶金工业出版社，2018.3
ISBN 978-7-5024-7746-2

Ⅰ.①多… Ⅱ.①张… Ⅲ.①金属氧化物催化剂—材料制备 Ⅳ.①TQ426.8

中国版本图书馆 CIP 数据核字(2018)第 046374 号

出 版 人　谭学余
地　　址　北京市东城区嵩祝院北巷 39 号　邮编　100009　电话　(010)64027926
网　　址　www.cnmip.com.cn　电子信箱　yjcbs@cnmip.com.cn
责任编辑　王　双　张熙莹　美术编辑　杨　帆　版式设计　孙跃红
责任校对　郑　娟　责任印制　李玉山

ISBN 978-7-5024-7746-2
冶金工业出版社出版发行；各地新华书店经销；三河市双峰印刷装订有限公司印刷
2018 年 3 月第 1 版，2018 年 3 月第 1 次印刷
169mm×239mm；9 印张；172 千字；131 页
36.00 元

冶金工业出版社　投稿电话　(010)64027932　投稿信箱　tougao@cnmip.com.cn
冶金工业出版社营销中心　电话　(010)64044283　传真　(010)64027893
冶金书店　地址　北京市东四西大街 46 号(100010)　电话　(010)65289081(兼传真)
冶金工业出版社天猫旗舰店　yjgycbs.tmall.com

(本书如有印装质量问题，本社营销中心负责退换)

前　言

自人们发现催化剂的形貌对催化性能具有较大影响以来，规整形貌纳米材料的可控制备及其性能研究成为催化领域研究的热点课题。多孔金属氧化物因其具有高的比表面积和发达的孔结构在催化领域备受关注。多孔结构一方面有利于降低反应物和产物的传质阻力，另一方面有利于活性组分在表面的分散，从而大幅度提高催化剂的性能。若将贵金属纳米粒子担载到具有规整形貌或多孔结构的金属氧化物载体上，则有望进一步改善其催化性能。本书主要研究了采用不同的方法制备具有规整形貌的 MnO_2 和 $LaFeO_3$ 纳米粒子，介孔结构的 Co_3O_4、MnO_2、Cr_2O_3，以及三维有序大孔(3DOMacro)结构的 $La_{0.6}Sr_{0.4}CoO_3$、Pr_6O_{11} 和 Tb_4O_7。并以其为载体，采用聚乙烯醇(PVA)保护的 $NaBH_4$ 还原法制备相应的负载贵金属纳米催化剂。采用多种表征方法描述催化剂的物化性质以及评价 CO 或甲苯氧化反应的催化活性。

本书共分 8 章，第 1 章绪论，主要介绍了多孔和规整形貌的金属氧化物催化剂制备方法以及近年来的研究进展。第 2~7 章实验部分，其中第 2 章主要介绍了采用改变锰源、水热温度和晶化时间的水热法制备棒状、管状、线状 MnO_2 及其负载的 Au 纳米催化剂的技术。第 3 章主要介绍了采用水热法制备一维单晶 $La(OH)_3$ 和 Fe_2O_3 纳米线/棒/管的技术，并分别以其为模板制备 $LaFeO_3$ 纳米材料。第 4 章的主要内容是采用以多孔硅(KIT-6)为硬模板的纳米复制法制得介孔 Co_3O_4、MnO_2 和 Cr_2O_3，采用 PVA 保护的 $NaBH_4$ 还原法制备 meso-MO_x(M=Co，Mn，Cr)担载的 Au

纳米催化剂。第 5 章介绍了采用多元醇法和液相沉积法制得 Co_3O_4 纳米催化剂的技术，以及采用浸渍法和原位水热法制得 $xCo_3O_4/SBA-15$(质量分数 $x=10\%\sim50\%$)催化剂。第 6 章描述了直接水热法制备 xFe$-$SBA$-$15(理论摩尔比 $x(n_{Fe}/n_{Fe+Si})=1.5\%\sim5.5\%$)，等体积浸渍法制备 yFeO$_x$/SBA$-$15(理论摩尔比 $y(n_{Fe}/n_{Fe+Si})=1.0\%\sim4.0\%$)技术。第 7 章介绍了以 PMMA 微球为硬模板，以乙二醇、水和甲醇为溶剂，以赖氨酸为络合剂制备菱方晶相钙钛矿结构的 3DOMacro $La_{0.6}Sr_{0.4}CoO_3$ 的技术，采用 PVA 保护的 $NaBH_4$ 还原法制得 M/3DOMacro $La_{0.6}Sr_{0.4}CoO_3$(M=Au，Pd) 催化剂的技术，以及以 PMMA 微球为硬模板，以 F127 为软模板辅助，以 L-赖氨酸为软模板分别制备了多孔 3DOMacro Pr_6O_{11} 和 3DOMacro Tb_4O_7 催化剂的技术。第 8 章主要对研究工作进行了总结及展望。

本书是根据作者近几年在实验室的研究成果撰写而成。由于研究能力、表征条件等原因的限制，很多研究还有待进一步深入，如催化剂形貌的形成机理及其与催化性能直接的构效关系等。

本书能够完成，首先要感谢北京工业大学的戴洪兴教授，无论是在理论学习、题目选题，还是实验方案设计、优化以及本书的撰写，都倾注了戴老师大量的心血。其次感谢北京工业大学的邓积光研究员，他在实验方案制定、实验指导和论文写作等方面给予很多有益的指导。还要感谢北京工业大学催化研究室的何洪教授、邱文革教授、张桂臻老师、刘雨溪老师，香港浸会大学化学系区泽棠教授，实验室的赵振璇、吉科猛、李欣尉、王媛、韩文、谢少华、杨黄根、何胜男、姜洋、谭伟、高宝族等同学，北京工业大学固体微结构与性能研究所肖卫强老师，北京科技大学的何建平老师，物理所的杨新安老师等。感谢他们在我完成本书期间对我的帮助和支持！

本书能够出版，首先感谢北京市科学技术协会青年专著出版基金的资助。其次感谢北京市科技情报学会的高淑萍老师、邵颖老师。

最后感谢国家自然科学基金（项目号：21103005、20973017、21077007 和 21377008）、北京市自然科学基金（项目号：2132015）、北京市教委创新团队提升计划等项目以及研究生培养-产学研基地建设-面向首都需求的化学化工人才基地建设、"211 工程"四期重点学科建设项目-面向节能环保的绿色化学、学科建设-重点学科——化学工程与技术、学科建设-211 工程-化学化工学科群和绿色催化与分离北京市重点实验室等专款对研究工作的大力资助。

由于作者水平所限，难免存在不妥之处，希望国内外同仁和广大读者不吝赐教。

作　者

2017 年 12 月于北京

目 录

1 绪论 ……………………………………………………………………………… 1
　1.1 多孔金属氧化物催化剂 ………………………………………………… 1
　　1.1.1 多孔材料简介 ……………………………………………………… 1
　　1.1.2 多孔金属氧化物的制备方法 ……………………………………… 1
　　1.1.3 多孔金属氧化物在催化方面的研究进展 ………………………… 3
　1.2 规整形貌金属氧化物催化剂 …………………………………………… 6
　　1.2.1 规整形貌金属氧化物的制备方法 ………………………………… 6
　　1.2.2 规整形貌金属氧化物在催化方面的研究进展 …………………… 9
　1.3 主要研究内容和创新点 ………………………………………………… 11
　　1.3.1 主要研究内容 ……………………………………………………… 11
　　1.3.2 主要创新点 ………………………………………………………… 11
　1.4 项目来源 ………………………………………………………………… 12

2 规整形貌氧化锰及其金负载纳米催化剂制备、表征及催化性能 ………… 13
　2.1 催化剂的制备 …………………………………………………………… 13
　　2.1.1 棒状、线状和管状 $\alpha\text{-}MnO_2$ 的制备 …………………………… 13
　　2.1.2 负载金纳米催化剂的制备 ………………………………………… 13
　2.2 催化活性评价 …………………………………………………………… 14
　2.3 晶相组成 ………………………………………………………………… 14
　2.4 表面形貌 ………………………………………………………………… 15
　2.5 还原性能 ………………………………………………………………… 18
　2.6 催化氧化性能 …………………………………………………………… 20

3 一维单晶 $LaFeO_3$ 纳米材料制备和表征 …………………………………… 24
　3.1 催化剂的制备 …………………………………………………………… 25
　　3.1.1 一维单晶 $\alpha\text{-}Fe_2O_3$ 纳米材料的制备 ………………………… 25
　　3.1.2 一维单晶 $La(OH)_3$ 纳米棒的制备 ……………………………… 25
　　3.1.3 $LaFeO_3$ 纳米材料的制备 ………………………………………… 26
　3.2 晶相组成 ………………………………………………………………… 27

3.2.1　一维单晶 $\alpha\text{-}Fe_2O_3$ 纳米材料的晶相组成 ……………………… 27
　　3.2.2　一维单晶 $La(OH)_3$ 纳米棒的晶相组成 …………………………… 29
　　3.2.3　$LaFeO_3$ 纳米材料的晶相组成 ……………………………………… 29
3.3　表面形貌 …………………………………………………………………… 32
　　3.3.1　一维单晶 $\alpha\text{-}Fe_2O_3$ 纳米材料的表面形貌 ……………………… 32
　　3.3.2　一维单晶 $La(OH)_3$ 纳米棒的表面形貌 …………………………… 34
　　3.3.3　$LaFeO_3$ 纳米材料的表面形貌 ……………………………………… 34

4　介孔过渡金属氧化物及其负载金纳米催化剂的制备、表征及催化性能 …… 42
4.1　催化剂制备 ………………………………………………………………… 42
　　4.1.1　介孔 Co_3O_4、MnO_2 和 Cr_2O_3 的制备 ………………………… 42
　　4.1.2　负载型 Au 纳米催化剂的制备 ……………………………………… 43
4.2　催化剂性能评价 …………………………………………………………… 43
4.3　晶相组成 …………………………………………………………………… 43
　　4.3.1　介孔 Co_3O_4 及其负载 Au 纳米催化剂的晶相组成 ……………… 43
　　4.3.2　介孔 MnO_2 及其负载 Au 纳米催化剂的晶相组成 ……………… 45
　　4.3.3　介孔 Cr_2O_3 及其负载 Au 纳米催化剂的晶相组成 ……………… 46
4.4　表面形貌、孔结构和比表面积 …………………………………………… 47
　　4.4.1　介孔 Co_3O_4 及其负载 Au 纳米催化剂表面形貌、
　　　　　　孔结构和比表面积 ………………………………………………… 47
　　4.4.2　介孔 MnO_2 及其负载 Au 纳米催化剂表面形貌、
　　　　　　孔结构和比表面积 ………………………………………………… 50
　　4.4.3　介孔 Cr_2O_3 及其负载 Au 纳米催化剂表面形貌、
　　　　　　孔结构和比表面积 ………………………………………………… 52
4.5　催化氧化性能 ……………………………………………………………… 56
　　4.5.1　介孔 Co_3O_4 及其负载 Au 纳米催化剂的催化氧化性能 ………… 56
　　4.5.2　介孔 MnO_2 及其负载 Au 纳米催化剂的催化氧化性能 ………… 57
　　4.5.3　介孔 Cr_2O_3 及其负载 Au 纳米催化剂的催化氧化性能 ………… 58

5　Co_3O_4 和 $Co_3O_4/SBA\text{-}15$ 纳米催化剂的制备、表征及催化性能 ……… 60
5.1　催化剂的制备 ……………………………………………………………… 60
　　5.1.1　纳米 Co_3O_4 催化剂的制备 ………………………………………… 60
　　5.1.2　纳米 $Co_3O_4/SBA\text{-}15$ 催化剂的制备 ……………………………… 61
5.2　催化活性评价 ……………………………………………………………… 61
5.3　晶相组成和表面形貌 ……………………………………………………… 62

       5.3.1 纳米 Co_3O_4 催化剂晶相组成和表面形貌 ………………………………… 62
       5.3.2 SBA-15 晶相组成 ……………………………………………………………… 64
       5.3.3 Co_3O_4/SBA-15 纳米催化剂的晶相组成和表面形貌 ………………………… 65
   5.4 孔结构和比表面积 …………………………………………………………………… 68
       5.4.1 Co_3O_4 纳米催化剂的孔结构和比表面积 …………………………………… 68
       5.4.2 纳米 Co_3O_4/SBA-15 催化剂的孔结构和比表面积 ………………………… 68
   5.5 催化氧化性能 ………………………………………………………………………… 72
       5.5.1 Co_3O_4 纳米催化剂催化氧化性能 …………………………………………… 72
       5.5.2 Co_3O_4/SBA-15 纳米催化剂的催化氧化性能 ……………………………… 77

6 嵌入型和负载型铁基有序介孔催化剂的制备及其对甲苯氧化的催化性能 ……………………………………………………………………………………… 82
   6.1 催化剂制备 …………………………………………………………………………… 82
       6.1.1 Fe-SBA-15 的制备 …………………………………………………………… 82
       6.1.2 FeO_x/SBA-15 的制备 ………………………………………………………… 83
   6.2 催化剂性能评价 ……………………………………………………………………… 83
   6.3 晶相组成 ……………………………………………………………………………… 84
   6.4 表面形貌、孔结构和比表面积 ……………………………………………………… 85
   6.5 表面物种 ……………………………………………………………………………… 86
   6.6 还原性能 ……………………………………………………………………………… 88
   6.7 催化氧化性能 ………………………………………………………………………… 91

7 三维有序大孔金属氧化物及其负载型贵金属纳米催化剂的制备、表征和催化 CO 氧化性能研究 …………………………………………………………… 94
   7.1 催化剂制备 …………………………………………………………………………… 94
       7.1.1 PMMA 模板剂的制备 ………………………………………………………… 94
       7.1.2 3DOMacro $La_{0.6}Sr_{0.4}CoO_3$ 和 M/3DOMacro $La_{0.6}Sr_{0.4}CoO_3$ 催化剂的制备 …………………………………………………………………… 96
       7.1.3 3DOMacro Pr_6O_{11} 的制备 …………………………………………………… 97
       7.1.4 3DOMacro Tb_4O_7 的制备 …………………………………………………… 98
   7.2 催化剂性能评价 ……………………………………………………………………… 98
   7.3 晶相组成 ……………………………………………………………………………… 99
       7.3.1 3DOMacro $La_{0.6}Sr_{0.4}CoO_3$ 和 Au/3DOMacro $La_{0.6}Sr_{0.4}CoO_3$ 的晶相组成 ……………………………………………………………………… 99
       7.3.2 还原法制得的 Pd/3DOMacro $La_{0.6}Sr_{0.4}CoO_3$ 的晶相组成 ……………… 99

7.3.3 等体积浸渍法制得的 Pd/3DOMacro $La_{0.6}Sr_{0.4}CoO_3$
的晶相组成 ……………………………………………………… 100
7.4 表面形貌、孔结构和比表面积 …………………………………… 100
7.4.1 PMMA 的表面形貌 ………………………………………… 100
7.4.2 3DOMacro $La_{0.6}Sr_{0.4}CoO_3$ 和 M/3DOMacro $La_{0.6}Sr_{0.4}CoO_3$
的表面形貌、孔结构和比表面积 ………………………… 102
7.4.3 3DOMacro Pr_6O_{11} 和 3DOMacro Tb_4O_7 的表面形貌、孔结构
和比表面积 …………………………………………………… 110
7.5 催化 CO 氧化性能 ……………………………………………… 110
7.5.1 3DOMacro $La_{0.6}Sr_{0.4}CoO_3$ 和 M/3DOMacro $La_{0.6}Sr_{0.4}CoO_3$
的催化氧化性能 …………………………………………… 110
7.5.2 3DOMacro Pr_6O_{11} 和 3DOMacro Tb_4O_7 的氧化还原性能 …… 112

8 结论与展望 ……………………………………………………………… 115
8.1 结论 ……………………………………………………………… 115
8.2 展望 ……………………………………………………………… 117

参考文献 ……………………………………………………………………… 118

1 绪 论

现代工业的快速发展改善了我们的生活品质,但同时也加剧了对环境的污染。其中工业废气(挥发性有机物(VOCs)等)和机动车尾气(CO、NO_x和碳氢化合物等)是大气污染的主要来源。来自机动车尾气、钢铁、化工、制药和塑料等行业的有机物,因为成分复杂(低碳烃、芳烃、醇、酮、醚、酯、醛、羧酸、胺及含卤素的有机物等),绝大多数具有毒性、恶臭味且易燃易爆、危害大(易产生光化学烟雾、造成臭氧层破坏及动植物中毒)等特点,加大了治理难度。因此很有必要采取有效措施,净化处理VOCs和汽车尾气,减少对环境污染。目前,我国虽然开展了治理VOCs和汽车尾气等污染的工作,但总体来说还是缺乏有效的、拥有自主知识产权的VOCs治理技术,因此研发新型高效VOCs处理技术迫在眉睫。催化氧化法是有着巨大应用前景的技术,优点是处理温度低、效率高、无二次污染、能耗低等。催化氧化法的关键是高性能催化剂的研发。因此,探索高性能催化材料的设计和制备是催化氧化研究的热点[1]。

1.1 多孔金属氧化物催化剂

1.1.1 多孔材料简介

多孔材料是一种由相互贯通或封闭的孔洞构成的网络结构材料,孔洞的边界或表面由支柱或平板构成。根据IUPAC定义,多孔材料分为三种:大孔材料(macroporous materials),平均孔径大于50nm;介孔材料(mesoporous materials),平均孔径介于2~50nm;微孔材料(microporous materials),平均孔径小于2nm。按照孔的有序性,多孔材料又可分为有序(三维、二维)和无序多孔材料。多孔材料因其孔隙大小和结构可调、密度低、比表面积大、空隙率高、吸附性强、均匀性好等特点,适宜用做催化剂和载体。近年来,多孔材料已成为材料和催化等领域的研究热点,主要集中在多孔金属氧化物、多孔硅基材料、多孔碳和沸石等材料上。

1.1.2 多孔金属氧化物的制备方法

传统多孔材料的制备方法有气相法、液相法(水热合成法、模板法、沉淀法、溶胶-凝胶法、微乳液法等)、固相法等。随着对多孔材料研究的不断深入,很多新的制备工艺和方法也随之出现。

1.1.2.1 水热合成法

水热合成法，简称水热法，是指在特定的密闭反应釜（高压釜）中，以水或有机溶剂作为反应介质，在一定温度和压力下进行的有关化学反应的总称。在制备多孔金属氧化物时，金属源、水热温度、水热时间、pH 值、表面活性剂用量及种类等均会对产物的孔结构、孔大小和晶型产生重要影响。Ciesla 等[2]在合成介孔 WO_3 发现，pH 值是影响其结构的关键因素。当 pH 值在 4~8 之间时产物为六方相，当 pH 值大于 9 时产物为四方晶相结构与六方相共存。Antonelli 等[3]考察了金属源和表面活性剂对产物的影响。通过改变前驱体与表面活性剂的比例，分别合成了立方相、六方相和层状介孔结构的 Nb_2O_5，发现用伯胺类或磷酸酯类等表面活性剂更易制备出六方相金属氧化物。

水热法的优点是所制备的纳米粒子具有纯度高、不容易团聚、催化性能优异等优点，不足之处是高温对设备要求高，进而造成投资大、操作复杂等。

1.1.2.2 模板法

自 Velev 等[4]首次以聚苯乙烯(PS)胶体晶为模板合成有序大孔 SiO_2 以来，模板法因其对孔结构的精准控制而成为有效制备多孔材料的方法，包括硬模板法和软模板法。

硬模板法是指金属物前驱体引入到硬模板孔道中，经过焙烧形成金属氧化物晶体，去除硬模板而制得氧化物。硬模板主要有介孔氧化硅或介孔碳等。Wang 等[5]以 KIT-6 为硬模板，$Co(NO_3)_2$ 作钴源，用氢氧化钠溶液移除模板，制得高度晶化、有序介孔 Co_3O_4。Cui 等[6]以 KIT-6 为硬模板，磷钨酸为钨源，用 HF 溶液去除硬模板，得到大比表面积、完整晶型的有序介孔 WO_3。Yan 等[7]以 PS 微球为硬模板，将金属硝酸盐或醋酸盐的前驱体渗透到有序排列的 PS 微球间隙中，通过反应将金属固化在胶体晶微球中，经焙烧除去硬模板后制得三维有序介孔(3DOMeso) MgO 等金属氧化物。合成条件（如溶液温度、焙烧温度等）和模板种类对最终产物的比表面积、孔容、维度和有序性、孔径大小和分布等有较大影响，进而影响材料的催化性能。Puertolas 等[8]在以介孔 KIT-6 为模板制备介孔 CeO_2 时发现，水热温度是影响 CeO_2 物化性质的关键因素。在水热温度为 80℃处理 24h 制备的 KIT-6 为硬模板，得到的介孔 CeO_2 粒径最小、比表面积最大、模板残留最少，在萘氧化反应中催化活性最好，在 260℃时萘转化率超过 80%，在 275℃时萘转化率超过 95%。Wang 等[9]以 KIT-6 为硬模板合成介孔 Cr_2O_3 时，发现虽然焙烧温度(400~700℃)对产物孔道结构的有序性无显著影响，但比表面积和孔容随焙烧温度升高而降低。因此在焙烧温度为 400℃时得到的介孔 Cr_2O_3 比表面积最高，在甲苯完全氧化反应中表现出较好的催化性能。Garcia 等[10]也发现水热温度和焙烧温度影响 KIT-6 硬模板的孔结构，从而进一步影响 Co_3O_4 的介孔结构和在丙烷或甲苯完全氧化反应中的催化性能。

软模板法主要是以液晶模板机理为导向，所用模板剂大多是表面活性剂或生物大分子。以十六烷基三甲基溴化铵(CTAB)、十二烷基磺酸钠(SDS)等为代表的离子型软模板剂，以三嵌段共聚物 P123、F127 等为代表的非离子型软模板剂，此外还有一些羧酸类软模板剂等。Sreethawong 等[11]以有机胺为模板剂、稀土醇盐为金属源，制备了立方相介孔 Dy_2O_3，比表面积为 $40m^2/g$，平均孔径为 6.3nm。Yada 等[12]以 SDS 为模板剂、稀土硝酸盐或氯化物为前驱体，制备了平均孔径为 4.7~5.1nm 的介孔 Er_2O_3 和 Gd_2O_3，比表面积为 $253~348m^2/g$，但所得介孔结构的有序性较差。Kapoor 等[13]以 CTAB 为模板剂，制备了六方介孔结构 CeO_2-ZrO_2，在甲醇分解反应中显示优良的催化性能。软模板合成法中，尤其是采用溶胶-凝胶体系合成氧化物时，由于合成温度较低，无法提供产物组分达到结晶所需的能量，需要经焙烧转为晶态氧化物。但当焙烧温度较高时，产物的孔道结构容易变形甚至塌陷[14]。Sinha 等[15,16]采用三嵌段聚合物 F127 辅助的软模板法，在温度低于 300℃ 焙烧时制得三维有序介孔 CrO_x，但当焙烧温度高于 500℃ 时，有序介孔结构被完全破坏。因此人们不断改进软模板法，并取得了一定进展。例如，Chen 等[17]采用超声波辐射辅助的模板法合成介孔 MoO_3，并选用不同的模板剂来实现对目标产物形貌的控制。超声波辅助不但可缩短反应时间，还可显著提高产物的催化性能[18]。Lee 等[19]采用软、硬模板兼用的方法制备了高结晶度的介孔过渡金属氧化物。

1.1.3 多孔金属氧化物在催化方面的研究进展

多孔材料具有发达的孔道结构和高的比表面积，有利于反应物的扩散、吸附和活化，因而具有更好的催化性能。

1.1.3.1 有序介孔金属氧化物催化剂的研究进展

介孔材料主要有硅系和非硅系两大类。与硅系介孔材料相比，非硅系介孔材料特别是介孔金属氧化物和介孔过渡金属氧化物，由于其组分的多样性和价态的多变性等原因，其合成更为困难。对有序介孔金属氧化物催化剂的研究主要集中在其合成和性质上，主要采用硬模板合成技术。例如，李俊华等[20]分别以二维有序介孔(2DOMeso) SBA-15 和三维有序介孔(3DOMeso) KIT-6 为硬模板制得 2DOMeso Co_3O_4 和 3DOMeso Co_3O_4，在空速(SV)为 $30000mL/(g \cdot h)$ 条件下，3DOMeso Co_3O_4 比 2DOMeso Co_3O_4 具有更好的催化氧化性能，在 130℃ 即可将甲醛完全转化。他们认为，这与 3DOMeso Co_3O_4 的三维有序孔道结构、更高的比表面积、更丰富的表面活性氧物种（有利于甲醛氧化）和更多的表面 Co^{3+}（有利于改善催化剂的氧化还原能力）有关。采用硬模板法合成有序介孔金属氧化物催化剂的挑战是将金属前驱体如何完全充满模板的介孔孔道，进而获得规整连续孔道结构的目标产物。作者所在课题组[21~24]以 $Cr(NO_3)_3 \cdot 9H_2O$ 为金属源，KIT-6 为硬模板，采用无溶剂热法经不同温度(130~350℃)处理后制得了3DOMeso CrO_x。该方法是在密闭的自压釜内使 $Cr(NO_3)_3 \cdot 9H_2O$ 熔融并填充到KIT-6的介孔孔道中。在SV为20000mL/(g·h)条件下，经240℃处理后制得的3DOMeso CrO_x 对甲苯或乙酸乙酯完全氧化反应显示较好的催化活性：甲苯或乙酸乙酯转化率为90%时的反应温度($T_{90\%}$)分别为234℃和190℃，表观活化能分别为79.8kJ/mol和51.9kJ/mol[21]。以金属硝酸盐的醇溶液为金属源，以KIT-6或SBA-16为硬模板，采用真空浸渍法制得了3DOMeso Fe_2O_3 和3DOMeso Co_3O_4[22,23]。在SV为20000mL/(g·h)条件下，丙酮或甲醇在400℃灼烧处理得到的3DOMeso Fe_2O_3 催化剂上的 $T_{90\%}$ 分别为208℃和204℃[22]。当SV为20000mL/(g·h)时，以KIT-6为硬模板制得的3DOMeso Co_3O_4 比以SBA-16为硬模板制得的3DOMeso Co_3O_4 具有略高的催化活性，甲苯或甲醇在前者上的 $T_{90\%}$ 分别为190℃和139℃，表观活化能分别为59.9kJ/mol和50.1kJ/mol[23]。在超声波辅助作用下，以SBA-16为硬模板，制得了3DOMeso MnO_2 和3DOMeso Co_3O_4，比表面积分别高至266m^2/g和313m^2/g。超声波处理促进了在硬模板硅材料孔道中液-固质量传递和金属前驱体的分散；通过填充、过滤、洗涤、灼烧等多步处理，使在硅模板孔道外形成氧化锰和氧化钴纳米粒子的可能性降低到最小，将孔道完全充满的几率最大化[24]。

将适量贵金属或贱金属氧化物粒子担载在多孔金属氧化物上，可进一步改善催化剂的性能。例如将Au或Pd担载在无序多级孔 ZrO_2、TiO_2 或 ZrO_2-TiO_2 上[25,26]，或将Au担载在蠕虫状介孔 γ-MnO_2 上[27,28]，它们在有机物完全氧化反应中都表现出更好的催化活性。担载粒子的方法不同，对载体孔道和活性组分分散度态有较大影响。例如，Wang等[29]分别采用后续浸渍法和原位纳米复制法制得3DOMeso Pd/Co_3O_4，在邻二甲苯氧化反应中后者表现出更好的催化活性，这源于其具有更高的有序介孔结构和更好分散性PdO物种。在邻二甲苯转化率为50%和90%时，原位纳米复制法制备的催化剂的温度分别为193℃和204℃，低于浸渍法所得催化剂的温度(233℃和254℃)。当反应体系中引入体积分数为1%水蒸气或0.1% CO_2 时，由原位纳米复制法合成的三维介孔 Co_3O_4 的催化性能几乎没有影响，即其稳定性好。作者所在课题组的研究结果表明[30]，在3DOMeso Co_3O_4 担载的质量分数为3.7%、6.5%和9.0% Au纳米催化剂中，6.5% Au/Co_3O_4 在CO、苯、甲苯或二甲苯完全氧化反应表现出优异的催化性能。CO、苯、甲苯或二甲苯转化率为90%的温度分别为45℃、189℃、138℃和162℃。往反应体系中引入体积分数为3.0%水蒸气且反应温度高于160℃时，有利于活化 O_2 分子，不利于 H_2O 分子吸附，对催化剂催化甲苯氧化的活性没有影响；但当温度低于140℃时，由于 O_2 分子的吸附低于 H_2O 分子，因此削弱了催化剂的活性。但当向体系中引入体积分数为10% CO_2 时，反应过程中聚集的碳酸盐物种会覆盖部分表面活性位，导致6.5% Au/Co_3O_4 在甲苯催化氧化中失活，但这种失活在经过

O_2 气氛中 300℃ 处理 1h 后即可恢复，具有可逆性。在负载贵金属催化剂研究中，适当引入第二组分也可改善其催化活性。例如，Hosseini 等[31] 对比研究介孔 TiO_2 担载 Au、Pd 或 Au-Pd 催化剂对甲苯或者丙烯催化氧化反应，发现 Pd(壳)-Au(核)/TiO_2 具有最高的催化活性，其次是 Pd-Au/TiO_2，再次是 Pd/TiO_2，第四是 Au(壳)-Pd(核)/TiO_2，最差的是 Au/TiO_2。

高活性晶面的暴露比例对催化剂性能有重要影响。例如，Li 等[32] 发现优先暴露(110)晶面的 3DOMeso Co_3O_4 比优先暴露(112)晶面的 Co_3O_4 纳米薄膜在乙烯氧化反应中具有更好的催化活性。Ma 等[33] 发现 3DOMeso Co_3O_4 担载的 Au 纳米催化剂优异的催化氧化性能与其介孔结构和优先暴露高活性(110)晶面有关。Ma 等[34] 推测 Au/Co_3O_4 室温下催化消除甲醛的反应机理可能是：甲醛首先吸附在优先暴露(110)晶面的介孔 Co_3O_4 载体上，然后活性氧物种对甲醛中的 C—H 进行亲核进攻形成甲酸(HCOOH)，甲酸吸附在 Co_3O_4 的(110)晶面上与 Co^{3+} 作用生成 HCOO·物种和 H^+，随后活性氧物种对 HCOO·中的 C—H 进行亲核进攻形成碳酸氢盐(HCO_3^-)物种，HCO_3^- 和 H^+ 结合形成碳酸，最后碳酸分解成二氧化碳和水。担载 Au 纳米粒子后，活性氧物种更加活泼，更有利于改善其催化活性。

与简单金属氧化物催化剂相比，复合金属氧化物催化剂具有更高的活性和更好的稳定性。例如，Li 等[35,36] 通过在 CeO_2 中引入金属离子，改善了其催化性能。He 等[37] 在 CeO_2 中掺杂了少量 Cu^{2+}，提高了 3DOMeso $Cu_xCe_{1-x}O_{2-\delta}$ 固溶体对消除环氧氯丙烷的催化活性、选择性和稳定性。钙钛矿型氧化物(ABO_3)由于其特殊结构成为近些年备受关注的复合金属氧化物。Wang 等[38] 以有序介孔硅为硬模板制备了高比表面积($97m^2/g$)的三维介孔 $LaCoO_3$，在甲烷催化氧化反应中，与体相 $LaCoO_3$ 相比，其催化性能更优异。作者所在课题组[39] 以规整排列的 SiO_2 球(粒径约为 20nm)为硬模板制备了蠕虫状介孔 $LaFeO_3$，比表面积为 $65m^2/g$，在甲苯氧化反应中，甲苯转化率 50% 和 90% 的温度分别为 200℃ 和 253℃。

1.1.3.2 有序大孔金属氧化物催化剂的研究进展

与有序介孔材料相比，三维有序大孔(3DOMacro)材料具有更大的孔径，弥补了微孔和介孔分子筛难以让大分子进入空腔的缺点，可用作催化剂载体、绝热材料、电池材料等。在诸多制备三维有序大孔材料的方法中，人们发现胶晶模板法因其成本低廉、对仪器设备要求不高等特点，成为最为广泛使用的方法。Zhang 等[40] 采用胶晶模板法制备了 3DOMacro CeO_2-Co_3O_4 和 Au/CeO_2-Co_3O_4。通过调节模板 PS 微球的直径，制备了孔径分别为 80nm、130nm 和 28nm 的 CeO_2，并比较了其对 HCHO 氧化反应的催化性能。3DOMacro Au/CeO_2 的催化性能好于体相 Au/CeO_2 的[41]，主要是因为均一的大孔结构有利于分散活性物种 Au

纳米颗粒。孔径为 80nm 的 3DOMacro CeO_2 担载的 Au 纳米催化剂在甲烷氧化反应中催化性能最好,源于其具有更高的比表面积和较小的孔径,有利于 Au 纳米颗粒的均匀分散[40]。由于 CeO_2 和 Co_3O_4 之间的协同作用,加速了表面活性氧物种的迁移,活化了 Au 物种,从而使 3DOMacro 2.26% Au/CeO_2-Co_3O_4(质量分数)在 SV 为 15000mL/(g·h) 和反应温度为 39℃ 的条件下能将甲醛完全氧化[42,43]。作者所在课题组采用软、硬双模板法制备了具有介孔孔壁的 3DOMacro MgO、Al_2O_3、$Ce_{1-x}Zr_xO_2$、Fe_2O_3 和 Co_3O_4[44~46],发现表面活性剂对大孔孔壁上介孔结构的形成起到关键作用。例如,在制备 3DOMacro Fe_2O_3 时,Fe^{3+} 可能会和 P123 中的 PEO 基团配位,形成无序排列的胶束,经焙烧处理后形成蠕虫状介孔。在甲苯氧化反应中,甲苯在具有蠕虫状介孔孔壁的 3DOMacro Fe_2O_3 上的 $T_{50\%}$ 和 $T_{90\%}$ 分别为 240℃ 和 288℃,而在无孔孔壁的 3DOMacro Fe_2O_3 上的 $T_{50\%}$ 和 $T_{90\%}$ 分别是 288℃ 和 340℃,表明多级孔结构显著改善了 Fe_2O_3 的催化活性。

三维有序大孔钙钛矿型氧化物(ABO_3)对 VOCs 氧化反应表现出较高的催化活性。作者所在课题组的研究结果表明,与体相 $LaMnO_3$ 相比,3DOMacro $LaMnO_3$ 对甲苯完全氧化反应表现出更好的催化活性[47,48]。适量聚乙二醇和乙二醇的联用有利于形成空心球状 $LaMnO_3$[49],通过精确调控金属前驱体浓度和聚乙二醇用量,可以获得链条状有序大孔结构的 $LaMnO_3$[50]。同时还考察了负载多孔金属氧化物的催化性能。采用等体积浸渍法制得了 3DOMacro $CoO_x/Eu_{0.6}Sr_{0.4}FeO_3$ 催化剂(CoO_x 质量分数为 1%~10%),在甲苯氧化反应中,3% $CoO_x/Eu_{0.6}Sr_{0.4}FeO_3$(质量分数)上的 $T_{50\%}$ 和 $T_{90\%}$ 分别为 251℃ 和 270℃,比 3DOMacro $Eu_{0.6}Sr_{0.4}FeO_3$ 上的 $T_{50\%}$ 和 $T_{90\%}$ 分别降低了 27℃ 和 35℃[51,52]。采用聚乙烯醇保护的鼓泡还原法在 3DOMacro ABO_3 上担载了不同质量分数的 Au 纳米催化剂[53,54]。甲苯在 7.63% $Au/LaCoO_3$(质量分数)上的 $T_{50\%}$ 和 $T_{90\%}$ 分别为 188℃ 和 202℃,在 6.4% $Au/La_{0.6}Sr_{0.4}MnO_3$(质量分数)上的 $T_{50\%}$ 和 $T_{90\%}$ 分别为 150℃ 和 170℃。在 170℃ 连续反应 100h 后,甲苯在 6.4% $Au/La_{0.6}Sr_{0.4}MnO_3$(质量分数)上的转化率没有明显下降。

1.2 规整形貌金属氧化物催化剂

1.2.1 规整形貌金属氧化物的制备方法

规整形貌金属氧化物的制备方法主要有气相法、液相法和固相法。气相法包括蒸发—冷凝法、化学气相反应法。液相法包括水热合成法、模板法、沉淀法、溶胶—凝胶法和微乳液法等。固相法包括机械粉碎(高能球磨)法、固态反应法、非晶晶化法。液相法是广泛采用的纳米材料制备方法。随着对规整形貌金属氧化物纳米材料研究的不断深入,很多制备工艺和方法也会不断创新。

1.2.1.1 水热合成法

水热法是合成规整形貌金属氧化物最常用的方法之一。金属源、水热温度和时间、pH 值、表面活性剂用量和种类及焙烧温度等均会对产物尺寸、形貌和晶型等产生重要影响。例如，以 $LiOH \cdot H_2O$、$MnSO_4 \cdot H_2O$ 和 $NiSO_4 \cdot 6H_2O$ 为金属源，将化学计量的 $MnSO_4 \cdot H_2O$ 和 $NiSO_4 \cdot 6H_2O$ 溶于水，经 160℃ 水热 12h 后得到固体混合物，烘干后与一定量的 $LiOH \cdot H_2O$ 混合，在 900℃ 焙烧后制得多相立方结构的 $LiMn_{1.5}Ni_{0.5}O_4$[55,56]，粒径为 $5\sim10\mu m$。以 $NaCO_3$ 和 $NH_3 \cdot H_2O$ 溶解锰盐和镍盐，所得产物与一定量的 $LiOH \cdot H_2O$ 高温灼烧后可得到直径为约 $10\mu m$ 的微米球和边长约 $1\mu m$ 的单相八面体[55,56]；减少溶剂用量，形成截面边长约 $2\mu m$ 的多面体块[57]。Joshi 等[58]以 Al_2O_3 和 $LiOH$ 为前驱体，按照一定的化学计量比溶解于去离子水中，在 150℃ 水热处理 72h，制得直径为 $40\sim200nm$、长度为 $1\sim2\mu m$ 的纳米棒；将锂源前驱体改为乙酸锂、氯化锂、碳酸锂、硝酸锂，则分别制得块状、无规则、片状、不均匀片状的金属复合氧化物；当 Li/Al 等于 1 时，制得半径约为 $20\mu m$ 的玫瑰花状粒子，当 Li/Al 比例增加到 3 时，粒子形貌像砖块，当 Li/Al 比例为 15 时，便获得棒状粒子。Kwon 等[59]以金属锂的甲醇盐、乙醇盐、异丙醇盐、仲丁醇盐、硝酸盐为前驱体，分别制得圆片状、短棒状、长棒状以及多种形貌混合的纳米粒子。pH 值对产物晶相和形貌也有重要影响。当溶液 pH 值改变时，溶液中离子间的平衡、生长基元的数目和组态都会受到影响。Zhao 等[60]在溶液 pH 值为 1.0、4.0、6.0 和 8.0 时，分别制得树枝状、葡萄状和不规则形貌的单斜相 $BiVO_4$ 微米或纳米粒子。Tan 等[61]通过控制前驱体溶液的 pH 值，合成多种形貌的纳微米粒子。当 pH 值为 0.59 时，产物为单斜晶八面体和十面体；当 pH 值为 $0.70\sim1.21$ 时，产物为四方相和单斜相的多面体和球体；当 pH 值为 2.55 时，获得球状四方结构的晶体；当 pH 值增加到 3.65 时，产物中开始出现树枝状纳米粒子，晶相结构由四方相转变为单斜相；随着 pH 值的进一步变大，在 $4.26\sim9.76$ 之间时，粒子形貌由单斜相不规则的棒状或树枝状变为规则的单斜相肋骨状。Yan 等[62]通过调节 pH 值，分别制得椭圆球、鸟巢状和花状 MgO 纳米材料。改变反应温度，纳米粒子表面形貌也会发生较大变化。例如，Xiao 等[63]通过控制反应温度，制备出微米球状、棒状和管状 MnO_2，比表面积分别为 $63m^2/g$、$19m^2/g$ 和 $25m^2/g$。

由于水热法操作简单，产物纯度、大小及分布都比较理想，因此成为合成规整形貌金属氧化物常用方法之一。

1.2.1.2 模板法

模板法是以模板为主体构型，利用模板的限制作用，影响、控制和修饰材料的形貌，控制纳米材料定向生长进而决定材料性能的一种合成方法。根据模板物化特性和局限性的不同可以分为硬模板法和软模板法。硬模板法主要用于合成大孔、介孔金属氧化物以及过渡金属氧化物,软模板法则常用于制备形貌规则的金属氧化物。由于模板合成技术过程简单易行、可控性较强等特点,目前已广泛应用到纳米材料的合成中。

在硬模板合成规整形貌金属氧化物中,阳极氧化铝(anodic aluminum oxide, AAO)模板是最常用模板。Ren 等[64]以 AAO 为模板制备出内径为 80nm,壁厚约 10nm,长度约 30μm 的 NiO 纳米管。Lin 等[65]以 AAO 为模板,通过电化学沉积法,制备了直径约 80nm 的 NiO 纳米线。Ji 等[66]发现 AAO 的孔径在 Co_3O_4 纳米线的形成中起关键作用。Yalçın 等[67]通过对比 AAO 模板和 PCTE 模板制备的 NiO 和 Co_3O_4 纳米线,发现 AAO 模板法制得的 NiO 和 Co_3O_4 纳米线形状更规整。Shi 等[68]研究发现,AAO 模板制备的直径为 30nm,长度为 10μm 的 NiO 纳米线易沿(111)晶面生长,而直径为 60nm 的纳米线则倾向于沿(200)晶面生长。

在软模板法中,表面活性剂的自组装效应,可使金属氧化物在模板上成核、生长,从而实现对金属氧化物材料的尺寸与形貌的可控制备。Zheng 等[69]以 PVP 为表面活性剂制备了直径为 200~500nm 的单晶 $β-MnO_2$ 纳米管。Zhou 等[70]以纤维素为表面活性剂合成了介孔 MnO_2 微米薄片。Cao 等[71]以 CTAB 为模板剂制备出单晶 PbO_2 和 Pb_3O_4 纳米棒。温度[71]和溶剂[72]对产物种类和晶型也有重要影响。例如,当反应温度为 160℃时,产物全部为单晶 Pb_3O_4 纳米棒;当温度降至 120℃时,产物为 PbO_2 和 Pb_3O_4 的混合物[71]。

1.2.1.3 沉淀法

沉淀法是把沉淀剂加入到盐溶液中反应后,将沉淀物处理得到纳米材料的化学合成方法。虽然是最传统的方法,但目前仍广泛应用。按照沉淀方式不同,分为共沉淀法、直接沉淀法、均匀沉淀法和络合沉淀法等。按照加入沉淀剂的不同,分为盐析法、等电点沉淀法、有机溶剂沉淀法、非离子型聚合物沉淀法、聚电解质沉淀法、复合盐沉淀法、亲和沉淀法、选择性沉淀法等。无论是哪种沉淀法,其操作步骤基本一致,都包括加入沉淀剂、沉淀剂陈化、促进粒子生长和过滤或离心,收集沉淀物质做后期处理等步骤。Liu 等[73]以乙二胺为直接沉淀剂制备了直径约 50nm 的单晶 ZnO 纳米棒。Qin 等[74]以三乙胺为沉淀剂制备出边长为 100~200nm 的单晶 $α-Fe_2O_3$ 立方块。Liu 等[75]以 NaOH 为沉淀剂制备了 $α-Fe_2O_3$ 纳米棒。Xie 等[76-78]以碳酸钠为沉淀剂制备了直径为 5~15nm、长度为 200~300nm 的 Co_3O_4 纳米棒。

1.2.1.4 微乳液法

在微乳液或者反相微乳液合成规整形貌纳米粒子时,前驱体浓度对粒子大小的影响主要与固体相成核机制有关,pH 值对产物的影响主要是通过影响前驱体状态来影响最终产物,溶液中金属粒子会随着合成温度的升高提升分散度,但当温度达到临界值后,金属粒子开始大量团聚,不利于最终产物形成,不同油相因其增容量的不同，使得油和水所需的表面活性剂质量分散不同，进而影响粒子的分散相及稳定性。随着研究的深入，不断出现改进的微乳液合成技术。微乳液法合成机理也得到更进一步的研究。

1.2.2 规整形貌金属氧化物在催化方面的研究进展

1.2.2.1 零维规整形貌金属氧化物的研究进展

零维纳米材料是指三个尺度上都进入纳米尺度范围的材料，主要包括团簇和纳米微粒。纳米微粒是肉眼和一般光学显微镜看不见的微小粒子，一般为球形或者类球形形状，粒度在 1~100nm 之间。纳米粒子因其小尺寸效应、量子尺寸效应、表面效应、宏观量子隧道效应，展现出许多特有性质，广泛应用到催化、光吸收、磁介质和新材料等领域中。TiO_2 作为一种 n 型半导体结构材料，在光照下对很多有机污染物吸附较强，成为一种绿色环保催化剂。例如 Chen 等[79]通过制得 TiO_2 纳米粒子，改善了其对有机染料废水的光催化分解活性。Fe_2O_3 也是研究较多的纳米材料，尤其是 $\alpha-Fe_2O_3$ 和 $\gamma-Fe_2O_3$，它们的刚玉型和立方结构有利于调节催化性能[80~83]。换句话说，它们的外表面晶面指数不但决定了其形貌，而且对其催化性能也具有决定性作用[84,85]。MgO 作为一种典型的高效固体碱催化剂，常常应用到醇脱氢反应、有机合成等过程中。在合成 MgO 纳米粒子的方法中，相比机械粉碎法等固相法而言，液相法和气相法更容易合成 100nm 以内的纳米粒子。表面活性剂、合成温度和溶剂种类对产物的结晶度会产生较大影响。

1.2.2.2 一维规整形貌金属氧化物的研究进展

一维纳米材料是指径向尺寸在 1~100nm，长度方向的尺寸远大于径向尺寸的空心或者实心的一类材料，主要包括纳米线、纳米棒、纳米管、纳米带、纳米纤维和纳米同轴电缆等。自从碳纳米管合成以来，一维纳米材料很快成为研究热点，尤其是一维纳米金属氧化物。Cozzoli 等[86]以油酸和胺为表面活性剂制备出直径为 3~4nm、长度为 40nm 的 TiO_2 纳米棒。Zhang 等[87]则以油酸、胺和 CTAB 为表面活性剂制备了直径为 2~4.6nm、长度为 2.3~30nm 的 TiO_2 纳米棒。Buonsanti 等[88]以 $TiCl_4$ 为前驱体合成了直径为 3~10nm、长度为 30~200nm 的 TiO_2 纳米棒。锰基氧化物材料由于其优越的物化性能，也被广泛关注。通过水热合成制得的 $\gamma-MnOOH$，焙烧后得到一维 MnO_x 纳米材料[89~94]。$\gamma-Al_2O_3$ 作为一种典型的固体酸催化剂，可通过调节表面活性剂、前驱体用量、水热温度等来制备[95,96]。理论上，因为(110)和(100)两个晶面，使产物具有不同的脱羟基性能[97,98]，但到目前为止，关于 $\gamma-Al_2O_3$ 粒子形貌与酸性、催化活性有直接关联性的研究较少，只是最近有些研究表明[99]，通过调控 $\gamma-Al_2O_3$ 的形貌来提升其催化活性。一维 La_2O_3 纳米材料是典型的六边形结构材料，其中 La^{3+} 被 4 个四面体和3个八面体的氧离子包围，通常也是经过煅烧 La(OH)$_3$ 来获得。制备 La(OH)$_3$ 最常用的方法就是沉淀法，例如，以水合肼为沉淀剂，可制得直径为 10~15nm、长度为 30~50nm 的棒状 La$_2$O$_3$[100]；以有机碱为沉淀剂，可合成直径为 8~15nm、长度为 100~600nm 的棒状 La$_2$O$_3$[101,102]；以氨水为沉淀剂，可制备出直径为 15nm、长度为 120~200nm 棒状 La$_2$O$_3$[103]。

与零维纳米粒子相比，一维金属氧化物纳米材料在催化中表现出更好的活性。例如，CeO$_2$ 纳米棒对 CO 氧化比 CeO$_2$ 纳米粒子表现出更高的催化活性，这源于 CeO$_2$ 纳米棒主要暴露的是(001)和(110)晶面[104]。暴露(110)晶面的 α-Fe$_2$O$_3$ 纳米棒在 CH$_4$ 和 CO 燃烧反应中的催化氧化活性远高于相应的纳米粒子[75,105]。棒状 γ-Al$_2$O$_3$ 在乙醇脱水制备乙烯的反应中，相比传统的纳米球形颗粒，表现出更好的活性和选择性[106,107]。

1.2.2.3 二维规整形貌金属氧化物的研究进展

二维纳米材料指电子仅可在两个维度的纳米尺度(1~100nm)上自由运动（平面运动）的材料，主要包括二维纳米超薄膜、超晶格等。几十年来，二维纳米材料技术有着很大发展，并因其独特的物化性质，广泛应用在催化、电化学等方面。对于二维规整形貌金属氧化物纳米材料的研究主要包括制备技术、物化性质及反应机理。例如，在合成方法上，Kay 等[108]以气相沉积法合成了 α-Fe$_2$O$_3$ 膜。Huo 等[109]以溶胶-凝胶法制备出 α-Fe$_2$O$_3$ 薄膜，发现 α-Fe$_2$O$_3$ 薄膜对甲醇、乙醇和正丙醇具有良好的气敏性。Lü 等[110]以模板法合成得到 α-Fe$_2$O$_3$ 纳米薄膜。Wei 等[111]以微波水热法制备 α-MoO$_3$ 纳米花。Wu 等通过掺杂 La^{3+}[112] 或 Eu^{3+}[113,114]，使 TiO$_2$ 薄膜晶格产生明显变化，使其有助于吸收 O$_2$，从而提高 TiO$_2$ 薄膜的光催化效率。Bayati 等[115~117]利用微弧氧化技术，对 TiO$_2$ 薄膜进行半导体复合，制备出 V$_2$O$_5$-TiO$_2$ 和 WO$_3$-TiO$_2$ 的复合薄膜，此方法通过促进光生电子-空穴的有效分离，抑制其复合，来提高在光催化中的效率。Li 等[118]通过溶胶-凝胶法实现 La^{3+} 对 TiO$_2$ 薄膜的掺杂，发现 La^{3+} 掺杂能抑制 TiO$_2$ 的相转变，提高产物热稳定性。

1.2.2.4 三维规整形貌金属氧化物的研究进展

三维纳米材料是指电子可以在三个纳米尺度上自由运动的一类材料，主要包括纳米高分子、纳米玻璃、纳米陶瓷、纳米介孔材料等（纳米介孔金属氧化物在多孔材料部分已经做详细说明）。三维规整形貌金属氧化物合成技术的研究主要集中在液相法和气相法。表面活性剂、前躯体、pH 值、溶剂、模板类型等都影响着三维结构的合成。这些研究为三维纳米材料的可控制备提供了有效的实验数据参考。

1.3 主要研究内容和创新点

1.3.1 主要研究内容

基于京津冀地区严格控制大气污染物的重大需求以及金属氧化物及其负载催化剂优异的催化性能，研究中采用了多种方法制得一系列具有规整形貌的 MnO_2 和 $LaFeO_3$ 纳米材料、介孔 Co_3O_4、MnO_2、Cr_2O_3 和三维有序大孔(3DOMacro) $La_{0.6}Sr_{0.4}CoO_3$、Pr_6O_{11} 和 Tb_4O_7。以此为载体，采用聚乙烯醇(PVA)保护的 $NaBH_4$ 还原法制得了一系列负载贵金属纳米催化剂。利用多种手段表征了所得催化剂的物化性质，并评价了其对 CO 或甲苯氧化反应的催化活性，具体内容如下：

（1）采用水热法合成棒状、线状、管状的 $\alpha\text{-}MnO_2$，制备一维单晶 $La(OH)_3$ 和 Fe_2O_3 纳米线/棒/管，以此为模板制备 $LaFeO_3$ 纳米材料，表征其物化性质，考察 $\alpha\text{-}MnO_2$ 对 CO 和甲苯氧化反应的催化性能。

（2）采用以 KIT-6 为硬模板的纳米复制法制备介孔 Co_3O_4、MnO_2 和 Cr_2O_3，采用 PVA 保护的 $NaBH_4$ 还原法制备介孔 MO_x (M=Co，Mn，Cr) 担载的 Au 纳米催化剂，测定其物化性质，考察其对 CO 和甲苯氧化反应的催化性能。

（3）采用多元醇法和液相沉积法制备 Co_3O_4 催化剂，采用浸渍法、原位水热法制备了不同负载量的 Co_3O_4/SBA-15 催化剂，测定其物化性质，考察其对 CO 氧化反应的催化性能。

（4）采用水热法制备有序介孔 xFe-SBA-15，采用等体积浸渍法制备有序介孔 yFeO$_x$/SBA-15 催化剂，测定其物化性质，考察其对甲苯氧化反应的催化性能。

（5）采用 PMMA 硬模板法制备 3DOMacro $La_{0.6}Sr_{0.4}CoO_3$，采用 PVA 保护的 $NaBH_4$ 还原法制备 Au/3DOMacro $La_{0.6}Sr_{0.4}CoO_3$ 和 Pd/3DOMacro $La_{0.6}Sr_{0.4}CoO_3$ 催化剂，采用 F127 辅助的 PMMA 硬模板法制备 3DOMacro Pr_6O_{11} 和 3DOMacro Tb_4O_7 催化剂，测定其物化性质，考察其对 CO 和甲苯氧化反应的催化性能。

1.3.2 主要创新点

书中研究的主要创新点有：

（1）采用优化的水热法制备了棒状、线状、管状 $\alpha\text{-}MnO_2$，以一维单晶 $La(OH)_3$ 和 Fe_2O_3 纳米线/棒/管为模板制备了一维 $LaFeO_3$ 纳米材料。

（2）确立了硬模板法和 PVA 保护的 $NaBH_4$ 还原法分别制备介孔 MO_x (M=Co，Mn，Cr) 和 3DOMacro 结构的 $La_{0.6}Sr_{0.4}CoO_3$、Pr_6O_{11} 和 Tb_4O_7 以及负载贵金属纳米粒子催化剂的较适宜工艺条件。

（3）揭示了棒状、线状、管状 $\alpha\text{-}MnO_2$、一维 $LaFeO_3$ 纳米材料、介孔 MO_x、3DOMacro $La_{0.6}Sr_{0.4}CoO_3$、3DOMacro Pr_6O_{11} 和 3DOMacro Tb_4O_7 及其负载 Au 和 Pd

贵金属纳米催化剂的物化性质,建立了构效关系。

1.4 项目来源

本书的研究得到了国家自然科学基金(项目号:21103005、20973017、21077007 和 21377008),北京市自然科学基金(项目号:2132015),北京市教委创新团队提升计划的支持。

2 规整形貌氧化锰及其金负载纳米催化剂制备、表征及催化性能

氧化锰在催化净化大气污染物方面应用广泛,对消除 CO、H_2S、NO_x 和碳氢化合物表现出较为优异的催化性能[119~122]。例如,Lahousse 等[123]发现 γ-MnO_2 比 Pt/TiO_2 更能有效消除 VOCs。在不同晶型的氧化锰中,α-MnO_2 因具有双通道结构而在许多氧化反应中显示更好的催化活性[124,125]。近年来,对于催化消除 VOCs,负载 Au 纳米催化剂备受关注[34,126,127]。鉴于 α-MnO_2 和负载 Au 纳米催化剂的独特性质,本章内容为先采用水热法制备不同形貌的 α-MnO_2,然后采用浸渍法制备 Au/α-MnO_2 催化剂,并考察其对 CO 和甲苯完全氧化反应的催化性能。

2.1 催化剂的制备

2.1.1 棒状、线状和管状 α-MnO_2 的制备

棒状、线状和管状 α-MnO_2 的制备方法为:

(1) 棒状 α-MnO_2 的制备。将 0.6078g $KMnO_4$ 在搅拌条件下溶解在 60mL 去离子水中,然后加入 1.3mL 盐酸(质量分数为 37%),持续搅拌 30min 后,与 15mL 去离子水的混合溶液转移至 100mL 的自压反应釜中,在 140℃下水热处理 12h。

(2) 线状 α-MnO_2 的制备。将 1.5000g $KMnO_4$ 和 0.2750g $MnSO_4 \cdot H_2O$ 在搅拌条件下溶解在 80mL 去离子水中,持续搅拌 30min 后,将混合溶液转移到 100mL 的自压反应釜中,在 240℃下水热处理 24h。

(3) 管状 α-MnO_2 的制备。将 0.3214g $KMnO_4$ 在搅拌条件下溶解在 28.9mL 去离子水中,然后加入 0.7mL 盐酸(质量分数为 37%),持续搅拌 30min 后,将混合溶液转移到 50mL 的自压反应釜中,在 120℃下水热处理 12h。

将上述水热处理后的前驱体进行抽滤,用去离子水和乙醇分别洗涤 3 次,然后在 60℃下干燥 24h,分别得到棒状、线状和管状 α-MnO_2 催化剂。

2.1.2 负载金纳米催化剂的制备

将 2.13mL 浓度为 0.01mol/L 的 $HAuCl_4$ 溶解于 87.8mL 去离子水中,将 0.04789g 聚乙烯醇(PVA)溶解于 50mL 去离子水中。取 2.93mL PVA 溶液加至

HAuCl$_4$ 溶液中，持续搅拌 20min。取 1.065mL 浓度为 0.1mol/L 的 NaBH$_4$ 溶液加至上述溶液中。然后分别加入 0.2055g、0.1033g、0.0521g、0.0415g 不同形貌的 MnO$_2$，持续搅拌 12h。经抽滤、去离子水洗涤 5 次，60℃干燥 24h 后，分别得到不同形貌 MnO$_2$ 担载质量分数为 2%、4%、8%和 10%（均为理论负载量）Au 纳米催化剂。

2.2 催化活性评价

在常压下，采用石英固定床微型反应器（直径为 4mm）评价催化剂催化氧化甲苯的活性。反应气流量由质量流量计控制（其中甲苯浓度为 0.1%，由 N$_2$ 通过甲苯饱和蒸气发生器调节），反应气先进入混合器混合，然后再进入石英固定床微型反应器。催化剂用量为 0.1g，颗粒度为 0.38～0.25mm（40～60 目）。为避免甲苯完全氧化过程中可能产生的局部热点现象，采用石英砂稀释催化剂颗粒（催化剂颗粒与石英砂质量比为 1:5）。用岛津气相色谱仪（岛津 GC-2010）分析反应器尾气，载气为氦气（He），检测器为火焰离子检测器（FID）和热导检测器（TCD），以 Carboxen 1000 填充柱分离永久性气体，以 Stabilwax 2-DA column 毛细管柱分离甲苯，检测电流 120mA，柱温、汽化室温度和检测器温度分别为 240℃、240℃和 260℃。

对于 CO 催化氧化反应，采用 U 形石英固定床微型反应器（直径为 4mm）评价催化剂的活性。当反应温度较低时，将 U 形反应器置于无水乙醇溶液中，用液氮调节体系温度。催化剂用量为 0.05g，颗粒度为 0.38～0.25mm（40～60 目）。反应气组成为 1%CO 和 99%空气（体积分数），CO/O$_2$ 摩尔比为 1/20，空速（SV）为 20000mL/(g·h)。为避免 CO 氧化过程中可能产生的局部热点现象，采用石英砂稀释催化剂颗粒（催化剂颗粒与石英砂质量比为 1:5）。反应器出口气体用气相色谱仪（岛津 GC-14C）进行分析，采用 13X 填充柱分离 CO、O$_2$ 和 N$_2$ 等组分，TCD 电流为 140mA，柱温、汽化室温度和检测器温度分别为 70℃、70℃和 90℃。

2.3 晶相组成

图 2-1 为所得氧化锰样品的 XRD 谱图。经过与 α-MnO$_2$ 标准样品的 XRD 卡片（JCPDS PDF 72-1982）对比后可知，采用水热法制得的棒状、线状和管状氧化锰均为单相四方晶相 α-MnO$_2$。虽然水热处理温度不同，但样品衍射峰强度未出现明显差别，这表明它们具有相似的结晶度。当 Au 理论负载量为 2%（质量分数）时，在 XRD 谱图中并未出现明显的 Au 特征峰。当理论负载量增加至 4%（质量分数）后，在 $2\theta=38.2°$ 处出现了对应 Au(111) 晶面的特征衍射峰。

2.4 表面形貌

图 2-2 为所得 α-MnO$_2$ 样品的 SEM 照片。从图 2-2 可知，在 140℃水热 12h、240℃水热 24h 和 120℃水热 12h 得到的 α-MnO$_2$ 分别呈现棒状、线状和管状形貌。管状 α-MnO$_2$ 的直径和长度分别为 100nm 和 1～3μm，棒状 α-MnO$_2$ 的

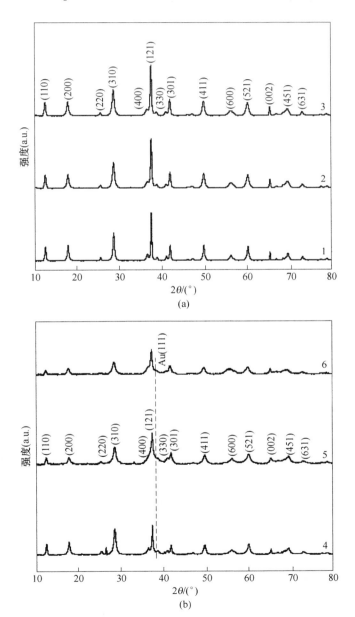

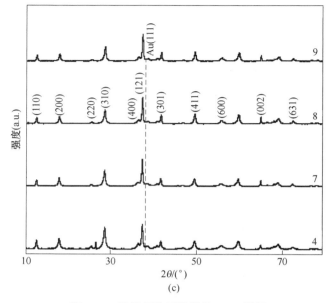

图 2-1 所得氧化锰样品的 XRD 谱图

1—棒状 α-MnO$_2$；2—线状 α-MnO$_2$；3—管状 α-MnO$_2$；4—2% Au/棒状 α-MnO$_2$；
5—2% Au/线状 α-MnO$_2$；6—2% Au/管状 α-MnO$_2$；7—4% Au/棒状 α-MnO$_2$；
8—8% Au/棒状 α-MnO$_2$；9—10% Au/棒状 α-MnO$_2$

直径和长度分别为 40nm 和 2~4μm，线状 α-MnO$_2$ 的直径和长度分别为 45nm 和 1~10μm。

(a)

(b)

图 2-2 不同形貌 α-MnO$_2$ 的 SEM 照片

(a),(b)管状 α-MnO$_2$;(c),(d)棒状 α-MnO$_2$;(e),(f)线状 α-MnO$_2$

图 2-3 为质量分数2% Au/棒状 α-MnO$_2$、2% Au/线状 α-MnO$_2$ 和2% Au/管状 α-MnO$_2$ 催化剂的 TEM 照片和 SAED 图案。由图 2-3 可看出,Au 纳米颗粒高度分布在载体表面,粒径较为均匀。棒状、线状和管状 α-MnO$_2$ 暴露的均为(121)晶面,晶面间距分别为 0.238nm、0.238nm 和 0.239nm,与 α-MnO$_2$(121) 晶面的晶面间距(0.2388nm)十分接近。SAED 图案中明亮且呈线性排列的电子衍射斑点表明所得棒状、线状和管状 α-MnO$_2$ 样品均为单晶结构。制备条件对样品的

比表面积有较大影响。棒状、线状、管状 α-MnO$_2$ 催化剂的比表面积分别为 48.4m^2/g、114m^2/g 和 64.3m^2/g。

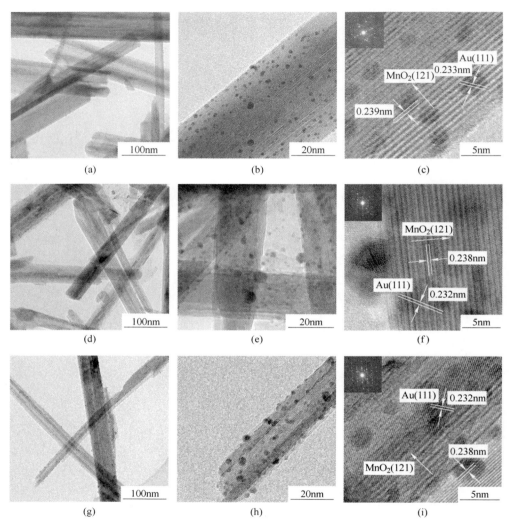

图 2-3　负载 Au 纳米氧化锰的 TEM 照片和选区电子衍射图
(a), (b), (c)—2% Au/管状 α-MnO$_2$；(d), (e), (f)—2% Au/棒状 α-MnO$_2$；
(g), (h), (i)—2% Au/线状 α-MnO$_2$

2.5　还原性能

图 2-4 为所得催化剂的 H$_2$-TPR 曲线。对于棒状、线状和管状 α-MnO$_2$ 样品，分别在 490℃、480℃ 和 452℃ 处出现还原峰，氢气消耗量分别为 10.78mmol/g、

2.5 还原性能

11.61mmol/g 和 11.29mmol/g。总体来讲，α-MnO_2 的还原可分为两个阶段：Mn^{4+} 还原为 Mn^{3+} 和 Mn^{3+} 还原为 Mn^{2+}[128]。从 MnO_2 还原到 Mn_3O_4 和从 Mn_3O_4 还原到 MnO 的理论氢气消耗量分别为 7.67mmol/g 和 3.83mmol/g。显然，所得 α-MnO_2 催化剂的氢气消耗量(10.78~11.61mmol/g)与理论值(11.5mmol/g)非常接近。与 α-MnO_2 纳米棒催化剂相比，质量分数 2%~10% Au/α-MnO_2 纳米棒催化剂的起始 H_2 还原峰都往低温方向移动，表明 Au 纳米颗粒和 α-MnO_2 纳米棒载体之间存在较强的相互作用，改善了催化剂的低温还原性能。在质量分数 4% Au/α-MnO_2 纳米棒催化剂上，起始 H_2 还原峰的温度仅为 169℃。进一步增加 Au 负载量，可能由于 Au 纳米颗粒聚集长大，削弱了 Au 纳米颗粒和 α-MnO_2 纳米棒载体之间的相互作用，导致起始 H_2 还原峰往高温方向偏移。

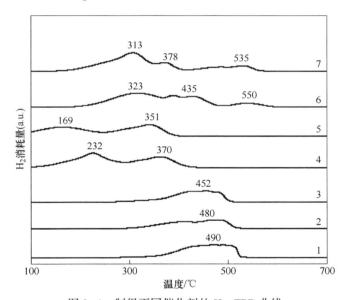

图 2-4 制得不同催化剂的 H_2-TPR 曲线

1—棒状 α-MnO_2；2—管状 α-MnO_2；3—线状 α-MnO_2；4—2% Au/棒状 α-MnO_2；
5—4% Au/棒状 α-MnO_2；6—8% Au/棒状 α-MnO_2；7—10% Au/棒状 α-MnO_2

初始氢气消耗速率能更直观地显示催化剂的还原性能。初始氢气消耗速率是在一定量的催化剂上，在还原开始的前 1/4 或 1/3 区域内的氢气消耗量。图 2-5 是所得样品的初始氢气消耗速率图。从图 2-5 可知，与未负载 Au 纳米颗粒的 α-MnO_2 相比，质量分数 2%~10% Au/α-MnO_2 纳米棒催化剂表现出更高的初始氢气消耗速率。对于质量分数 2%~10% Au/α-MnO_2 纳米棒催化剂，质量分数 4% Au/α-MnO_2 纳米棒催化剂具有最高的氢气消耗速率。初始氢气消耗速率按以下次序依次降低：4% Au/棒状 α-MnO_2>2% Au/棒状 α-MnO_2>8% Au/棒状 α-

MnO_2>10% Au/棒状 α-MnO_2>线状 α-MnO_2>管状 α-MnO_2>棒状 α-MnO_2（质量分数）。可见，4% Au/α-MnO_2 纳米棒催化剂具有较好的低温还原性，也就是说此催化剂在初始 H_2 消耗速率上也是最大的，很容易与 H_2 发生氧化还原反应，即该催化剂自身特定的优势就是容易参与氧化还原反应。

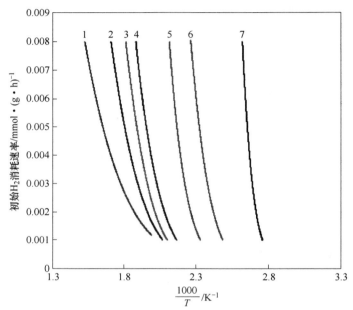

图 2-5　不同催化剂下的初始 H_2 消耗速率图

1—棒状 α-MnO_2；2—管状 α-MnO_2；3—线状 α-MnO_2；4—10%Au/棒状 α-MnO_2；
5—8%Au/棒状 α-MnO_2；6—2%Au/棒状 α-MnO_2；7—4%Au/棒状 α-MnO_2

2.6　催化氧化性能

从图 2-6 可知，在反应气组成为 1% CO 和 99%空气（体积分数）、CO/O_2 摩尔比为 1/20 和空速为 20000mL/(g·h) 的反应条件下，CO 转化率随反应温度升高而增加。表 2-1 给出了在所得催化剂上 CO 转化率达到 10%、50% 和 90% 所需的温度（分别为 $T_{10\%}$、$T_{50\%}$ 和 $T_{90\%}$）。由图 2-6 可看出，线状和管状 α-MnO_2 比棒状 α-MnO_2 对 CO 氧化反应表现出更高的催化活性。在线状、管状或棒状 α-MnO_2 上分别担载 2% Au（质量分数）纳米颗粒后，催化剂对 CO 氧化反应的活性显著提高。$T_{90\%}$ 均下降至 30℃ 以下，且按 2% Au/棒状 MnO_2>2% Au/管状 MnO_2>2% Au/线状 MnO_2（质量分数）的次序降低。此外，还考察了 Au 负载量对催化活性的影响。结果发现，催化剂对 CO 氧化反应的活性按质量分数 4% Au/棒状 MnO_2>2% Au/棒状 MnO_2>8% Au/棒状 MnO_2>10% Au/棒状 MnO_2 的次序降低。

这与催化剂初始氢气消耗速率的变化趋势一致。

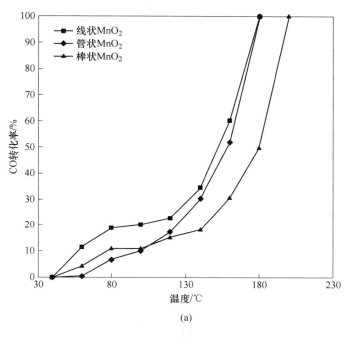

(a)

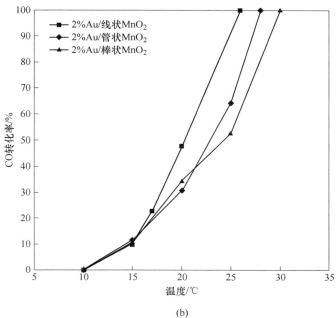

(b)

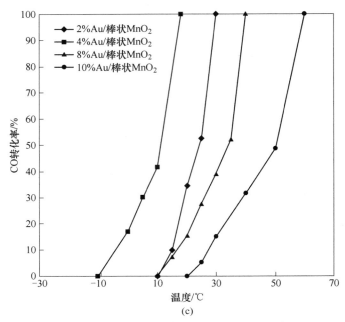

图 2-6 在 CO 浓度为 1%、CO/O_2 摩尔比为 1/20 和 SV 为 20000mL/(g·h) 的反应条件下，MnO_2 和 Au/MnO_2 上 CO 转化率与反应温度的关系

表 2-1 在 CO 浓度为 1%、CO/O_2 摩尔比为 1/20 和 SV 为 20000mL/(g·h) 的反应条件下，在 MnO_2 和 Au/MnO_2 上 $T_{10\%}$、$T_{50\%}$ 和 $T_{90\%}$ 值

催化剂	$T_{10\%}$/℃	$T_{50\%}$/℃	$T_{90\%}$/℃
棒状 MnO_2	99	182	195
线状 MnO_2	56	153	173
管状 MnO_2	79	160	174
2%Au/线状 MnO_2	14	20	24
2%Au/管状 MnO_2	13	23	27
2%Au/棒状 MnO_2	15	23	29
4%Au/棒状 MnO_2	-3	11	16
8%Au/棒状 MnO_2	16	35	39
10%Au/棒状 MnO_2	27	50	58

从图 2-7 可知，在甲苯浓度为 0.1%、甲苯/O_2 摩尔比为 1/400 和空速为 20000mL/(g·h) 的反应条件下，甲苯在所得催化剂上的转化率随反应温度升高而增加。除了 CO_2 和 H_2O，没有检测到其他部分氧化产物。表 2-2 给出了所得催化剂对甲苯氧化反应的 $T_{10\%}$、$T_{50\%}$ 和 $T_{90\%}$。可以看出，线状和管状 α-MnO_2 比棒状

α-MnO_2 对甲苯氧化反应表现出较高的催化活性。在棒状 α-MnO_2 上担载质量分数为 2% Au 纳米颗粒后，对甲苯氧化反应的活性显著提高，$T_{90\%}$ 下降至 163℃。

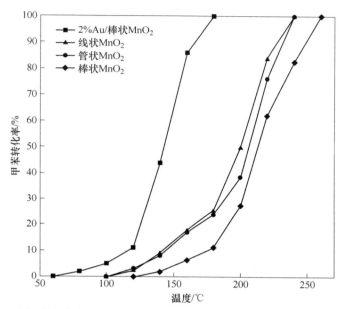

图 2-7　在甲苯浓度为 0.1%、甲苯/O_2 摩尔比为 1/400 和 SV 为 20000mL/(g·h) 的反应条件下，在 MnO_2 和 Au/MnO_2 上 CO 转化率与反应温度的关系

表 2-2　在甲苯浓度为 0.1%、甲苯/O_2 摩尔比为 1/400 和 SV 为 20000mL/(g·h) 的反应条件下，所得 MnO_2 和 Au/MnO_2 上 $T_{10\%}$、$T_{50\%}$ 和 $T_{90\%}$

催化剂	$T_{10\%}$/℃	$T_{50\%}$/℃	$T_{90\%}$/℃
棒状 MnO_2	173	213	248
线状 MnO_2	140	199	226
管状 MnO_2	144	206	232
2%Au/棒状 MnO_2	115	143	163

3 一维单晶 $LaFeO_3$ 纳米材料制备和表征

在过去的几年里,作者所在课题组在多晶或单晶 ABO_3 的制备、表征和催化性能的研究方面做了大量的工作,结果表明:(1) 高比表面积多晶 $La_{1-x}Sr_xMO_{3-\delta}$ (M = Fe, Co, Mn) 纳米催化剂比低比表面积的催化剂对 VOCs 催化氧化反应表现出更高的活性,且当取代量 $x = 0.4$ 时活性最高[129];(2) 单晶 $La_{0.6}Sr_{0.4}CoO_{3-\delta}$ 纳米线/棒[130]的催化活性好于单晶 $La_{1-x}Sr_xMnO_{3-\delta}$ 微米块[131~133]的,但它们都比相应的多晶催化剂具有更高的催化活性。我们推测单晶结构和纳米线/棒状形貌有利于高活性晶面在催化剂表面的暴露率,这是促使单晶 $La_{0.6}Sr_{0.4}CoO_{3-\delta}$ 纳米线/棒的催化氧化性能进一步得到改善的重要原因。不过,受单晶复合金属氧化物可控制备技术的限制,人们对单晶 ABO_3,特别是一维单晶 ABO_3 纳米材料催化性能的研究较少。虽然通过采用水热合成法和熔融盐固相合成技术,能够制得单晶 $MTiO_3$(M = Ba, Sr, Pb) 纳米线/棒/管[134~139]、单晶 $La_{1-x}Sr_xCoO_3$ 纳米线/棒[130,140]、单晶 $La_{0.7}Sr_{0.3}MnO_3$[141~143] 和 $BaMnO_3$ 纳米棒[144],但是对于一维单晶 $La_{1-x}Sr_xFeO_{3-\delta}$ 纳米线/棒/管的合成则未曾见报道。

考虑到一维单晶 ABO_3 纳米材料独特的物化性质(比如优先暴露更多的高活性晶面)和优异的催化性能,我们认为必须突破现有合成技术的限制,寻求可控制备一维单晶 ABO_3 纳米材料的新方法。以一维 B 位金属氧化物纳米材料为模板,结合水热处理或熔融盐过程,成功合成一维单晶 ABO_3 纳米材料的报道,给我们带来了较大的启发。而且,人们对于一维单晶 Fe_2O_3 和 $La(OH)_3$ 纳米材料的制备研究,已经取得了很大的进展。既然直接以金属氧化物、氯化物或硝酸盐等试剂为原料,采用软/硬模板法、水热合成法、熔融盐固相反应法等无法可控得高活性的一维单晶 $LaFeO_3$ 纳米材料,那么以一维单晶 $La(OH)_3$ 和/或 Fe_2O_3 纳米材料为模板能否取得成功呢?

基于以上想法,本章内容为:(1) 参考文献方法,结合作者所在课题组已经掌握的规整形貌金属氧化物微纳米材料的合成技术,制备一维单晶 $La(OH)_3$ 和 Fe_2O_3 纳米线/棒/管;(2) 以一维单晶 $La(OH)_3$ 和 Fe_2O_3 纳米材料为模板,制备一维单晶 $LaFeO_3$ 纳米材料,结合各种表征手段,详细考察其物化性质。

3.1 催化剂的制备

3.1.1 一维单晶 $\alpha\text{-Fe}_2\text{O}_3$ 纳米材料的制备

一维单晶 $\alpha\text{-Fe}_2\text{O}_3$ 纳米材料的制备分为以下几种:

(1) 一维单晶 $\alpha\text{-Fe}_2\text{O}_3$ 纳米棒的制备。分别用 10mL 去离子水溶解 2.02g $\text{Fe(NO}_3)_3 \cdot 9\text{H}_2\text{O}$ 和 1.2g NaOH,将 NaOH 溶液逐滴加入到 $\text{Fe(NO}_3)_3 \cdot 9\text{H}_2\text{O}$ 溶液中,然后加入 20mL 去离子水持续搅拌 20min,此时溶液体系的 pH 值大于 14。将该溶液转入内衬容积为 50mL 的自压釜中,于 180℃ 恒温处理 12h 后,自然冷却至室温,经过滤、洗涤和干燥处理后,将所得前驱体(FeOOH)在马弗炉中于 350℃ 焙烧 4h 后,即得 $\alpha\text{-Fe}_2\text{O}_3$ 纳米棒。

(2) 一维单晶 $\alpha\text{-Fe}_2\text{O}_3$ 纳米线的制备。将 0.4730g $\text{FeCl}_3 \cdot 6\text{H}_2\text{O}$ 溶解在 15mL 去离子水和 15mL 异丙醇的混合溶剂中,然后加入 0.9557g 氨三乙酸 (NTA),溶液颜色逐渐由橙色变为黄色,然后变为荧光绿色,持续搅拌 30min 后,将该混合溶液转移至内衬容积为 50mL 的自压釜中,于 180℃ 恒温处理 24h。自然冷却至室温,用乙醇和去离子水各洗涤三遍后,转移至真空干燥箱中于 60℃ 干燥 2h。将所得前驱体(FeNTA)在 500℃ 下灼烧 2h(升温速率为 1℃/min)后,即得 $\alpha\text{-Fe}_2\text{O}_3$ 纳米线。

(3) 一维单晶 $\alpha\text{-Fe}_2\text{O}_3$ 纳米管的制备:

1) 制备方法一。将 0.45g $\text{FeCl}_3 \cdot 6\text{H}_2\text{O}$ 和 11.67mg $\text{NaH}_2\text{PO}_4 \cdot 2\text{H}_2\text{O}$ 分别溶解在 10mL 去离子水中后,将 $\text{NaH}_2\text{PO}_4 \cdot 2\text{H}_2\text{O}$ 溶液逐滴加至 FeCl_3 溶液中,然后加入溶解有 32.5mg Na_2SO_4 的 20ml 水溶液,待超声分散均匀后,转移至内衬容积为 50mL 的自压釜中,置于烘箱中于 200℃ 恒温处理 24h,自然冷却至室温,经洗涤、离心和干燥(120℃)后,即得 $\alpha\text{-Fe}_2\text{O}_3$ 纳米管。

2) 制备方法二。将 0.6758g $\text{K}_4[\text{Fe(CN)}_6] \cdot 3\text{H}_2\text{O}$ 溶解在 30mL 去离子水中,在搅拌的条件下,逐滴加入 10mL 30% H_2O_2,待形成均匀溶液后,转移至内衬容积为 50mL 的自压釜中,放置烘箱中于 160℃ 恒温处理 100min,自然冷却至室温后,经过滤、洗涤和真空干燥(60℃、6h)后,即得 $\alpha\text{-Fe}_2\text{O}_3$ 纳米管。

3.1.2 一维单晶 La(OH)_3 纳米棒的制备

在磁力搅拌的条件下,将 1.0632g $\text{La(NO}_3)_3 \cdot 6\text{H}_2\text{O}$ 和 5.600g KOH 分别溶于 10mL 去离子水。待完全溶解后,往 $\text{La(NO}_3)_3$ 水溶液中缓慢滴加 KOH 溶液,有白色沉淀生成。滴加完成后往混合溶液中加入 20mL 去离子水,然后转移至内衬容积为 50mL 的自压反应釜,密封后置于 180℃ 烘箱中加热 12h。待反应完后取出,自然冷却至室温,经过滤、去离子水洗涤和干燥后,得到终产物。

3.1.3 LaFeO$_3$ 纳米材料的制备

LaFeO$_3$ 纳米材料的制备分别以下几种：

（1）以 La(OH)$_3$ 纳米棒为模板。在磁力搅拌的条件下，将 1.3901g Fe(NO$_3$)$_3$·9H$_2$O 溶解在 10mL 去离子水中。称取 0.6534g La(OH)$_3$ 纳米棒粉末，加至 Fe(NO$_3$)$_3$ 水溶液中。待搅拌均匀后，将溶解有 0.8258g NaOH 的 10mL 溶液逐滴加至 Fe(NO$_3$)$_3$·9H$_2$O 和 La(OH)$_3$ 组成的混合体系中。待滴加完成后，持续搅拌 20min 和超声分散 10~20min，然后再加入 20mL 去离子水，持续搅拌 10min 后将暗红色胶体转移至内衬容积为 50mL 的自压反应釜，密封后置于 180℃ 烘箱中水热处理 12h。待反应完成后，取出自压釜自然冷却至室温，过滤、洗涤、干燥（80℃），将所得前驱体置于马弗炉中，在 650℃ 或 750℃ 灼烧 4h（升温速率为 1℃/min）得终产物。

（2）以 Fe$_2$O$_3$ 纳米棒为模板。在磁力搅拌的条件下，将 1.0632g La(NO$_3$)$_3$·6H$_2$O 溶解在 10mL 去离子水中。称取 0.1964g Fe$_2$O$_3$ 纳米棒，加至 La(NO$_3$)$_3$ 水溶液中，磁力搅拌 20min 后，将溶解有 5.600g KOH 的 10mL 去离子水溶液逐滴加至由 Fe$_2$O$_3$ 和 La(NO$_3$)$_3$·6H$_2$O 组成的混合体系中。待滴加完成后，超声分散 10~20min，然后加入 20mL 去离子水，搅拌 10min 后，转移至内衬容积为 50mL 的自压反应釜，密封后置于 180℃ 或 200℃ 烘箱中分别水热处理 8h、10h、12h。待反应完成后，取出自压釜自然冷却至室温，经过滤、洗涤和干燥后，将所得前驱体置于马弗炉中，在 650℃、700℃ 或 750℃ 灼烧 4h，制得终产物。

（3）以 FeNTA 纳米线为模板。在磁力搅拌的条件下，将 1.0632g La(NO$_3$)$_3$·6H$_2$O 溶解在 10mL 去离子水中。称取 0.1964g FeNTA 纳米线，加至 La(NO$_3$)$_3$ 溶液中，磁力搅拌 20min 后，将溶解有 5.600g KOH 的 10mL 去离子水溶液逐滴加至由 FeNTA 纳米线和 La(NO$_3$)$_3$ 组成的混合体系中。待滴加完成后，超声分散 10~20min，加入 20mL 去离子水，持续搅拌 10min 后，转移至内衬容积为 50mL 的自压反应釜，密封后置于 180℃ 烘箱中水热处理 12h。待反应完成后，取出自压釜自然冷却至室温，经过滤、洗涤和干燥后，将所得前驱体置于马弗炉中，在 650℃ 或 750℃ 条件下灼烧 4h，制得终产物。

（4）以 La(OH)$_3$ 纳米棒为模板，按照合成 Fe$_2$O$_3$ 纳米管的方法进行。在磁力搅拌的条件下，将 0.9300g FeCl$_3$·6H$_2$O 溶解在 10mL 去离子水中。称取 0.6534g La(OH)$_3$ 纳米棒，加至 FeCl$_3$ 溶液中。持续搅拌 10min 后，将用 10mL 去离子水溶解的 23.34g NaH$_2$PO$_4$·2H$_2$O 溶液逐滴加入由 FeCl$_3$ 和 La(OH)$_3$ 组成的混合体系中，搅拌 10min。然后再逐滴加入用 10mL 去离子水溶解的 65mg Na$_2$SO$_4$ 溶液，搅拌 20min，超声 10~20min，再加入 10mL 去离子水，搅拌 10min，转移至内衬容积为 50mL 的自压反应釜，密封后置于 180℃ 烘箱中水热处理 12h。待反应完成后，取出自压釜自然冷却至室温，过滤、洗涤、干燥，将所得前驱体置于马弗炉中，在650℃或750℃灼烧4h，得终产物。

（5）以 Fe_2O_3 纳米管为模板。在磁力搅拌的条件下，称取 Fe_2O_3 纳米管 0.1964g，$La(NO_3)_3·6H_2O$ 1.0632g，分别溶解在10mL去离子水中，将 Fe_2O_3 纳米管加至 $La(NO_3)_3$ 水溶液中，磁力搅拌20min后，将溶解有5.600g KOH的10mL去离子水溶液逐滴加至由 Fe_2O_3 和 $La(NO_3)_3·6H_2O$ 组成的混合体系中。在持续搅拌的条件下，将KOH溶液逐滴加至由 Fe_2O_3 和 $La(NO_3)_3·6H_2O$ 组成的混合体系中。待滴加完成后，超声分散10~20min，然后加入20mL去离子水，搅拌10min后，转移至内衬容积为50mL的自压反应釜，密封后置于180℃或200℃烘箱中分别水热处理8h、10h、12h。待反应完成后，取出自压釜自然冷却至室温，过滤、洗涤和干燥处理后，将所得前驱体置于马弗炉中，在650℃、700℃或750℃灼烧4h，制得终产物。

（6）以 $La(OH)_3$ 纳米棒为模板，按照合成 Fe_2O_3 纳米线的方法进行。在磁力搅拌的条件下，将0.9300g $FeCl_3·6H_2O$ 溶解在15mL去离子水和15mL异丙醇的混合溶剂中。称取0.6534g $La(OH)_3$ 纳米棒粉末，加至 $FeCl_3$ 水溶液中。待搅拌均匀后，将溶解有0.9557g氨三乙酸（主要起络合作用）的10mL溶液逐滴加至 $FeCl_3·6H_2O$ 和 $La(OH)_3$ 组成的混合体系中。待滴加完成后，持续搅拌20min和超声分散10~20min，然后再加入20mL去离子水，持续搅拌10min后转移至内衬容积为50mL的自压反应釜，密封后置于180℃烘箱中水热处理12h。待反应完成后，取出自压釜自然冷却至室温，过滤、洗涤、干燥（80℃），将所得前驱体置于马弗炉中，在650℃或750℃灼烧4h(升温速率为1℃/min)，得终产物。

3.2 晶相组成

3.2.1 一维单晶 $α-Fe_2O_3$ 纳米材料的晶相组成

3.2.1.1 一维单晶 $α-Fe_2O_3$ 纳米棒的晶相组成

图3-1(a)为前驱体FeOOH的XRD谱图。由图3-1(a)可知，所有特征衍射峰的位置和相对强度与FeOOH的标准卡片（JCPDS No.81-0464）相一致，晶格常数为 $a=0.46048nm$，$b=0.99595nm$，$c=0.30230nm$。图3-1(b)为所得 $α-Fe_2O_3$ 纳米棒样品的XRD谱图。由图3-1(b)可知，所有特征衍射峰的位置和相对强度与 $α-Fe_2O_3$ 的标准卡片（JCPDS No.33-0064）相一致，晶格常数为 $a=0.50356nm$，$b=0.50356nm$，$c=1.37489nm$。这表明前驱体FeOOH在350℃灼烧后，所得 $α-Fe_2O_3$ 纳米棒具有单相菱方体晶相结构，没有其他杂质生成。

3.2.1.2 一维单晶 $α-Fe_2O_3$ 纳米线的晶相组成

分析前驱体FeNTA的XRD谱图可知，所有特征衍射峰的位置和相对强度与FeNTA的标准卡片（JCPDS No.72-1957）相一致，晶格常数为 $a=1.45690nm$，$b=1.45690nm$，$c=0.77790nm$。图3-2为所得 $α-Fe_2O_3$ 纳米线样品的XRD谱图。

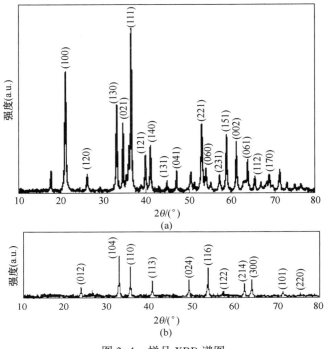

图 3-1 样品 XRD 谱图

(a)—前驱体 FeOOH 样品；(b)—$\alpha\text{-}Fe_2O_3$ 纳米棒样品

由图 3-2 可知，所有特征衍射峰的位置和相对强度与 $\alpha\text{-}Fe_2O_3$ 纳米线的标准卡

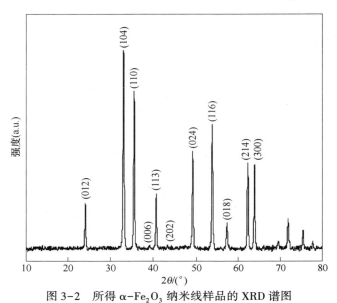

图 3-2 所得 $\alpha\text{-}Fe_2O_3$ 纳米线样品的 XRD 谱图

片(JCPDS No.89-2180)相一致，晶格常数为 $a=0.50400nm$，$b=0.50400nm$，$c=1.37500nm$。这表明前驱体 FeNTA 在 500℃ 灼烧后，所得 α-Fe_2O_3 纳米线具有单相菱方体晶相结构，没有其他杂质生成。

3.2.1.3 一维单晶 α-Fe_2O_3 纳米管的晶相组成

图 3-3 为所得 α-Fe_2O_3 纳米管的 XRD 谱图。可以看出，所有特征衍射峰的位置和相对强度都与 α-Fe_2O_3 纳米管的标准卡片(JCPDS No.33-0064)相一致，没有其他杂质生成，表明所得 α-Fe_2O_3 纳米管具有单相的菱方体晶体结构。

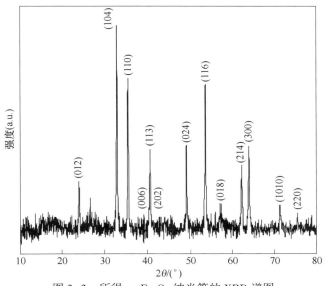

图 3-3　所得 α-Fe_2O_3 纳米管的 XRD 谱图

3.2.2　一维单晶 La(OH)$_3$ 纳米棒的晶相组成

图 3-4 是所得 La(OH)$_3$ 样品的广角 XRD 谱图。所有衍射峰的位置和相对强度均与六方 La(OH)$_3$(JCPDS No.36-1481)晶相的一致，晶格常数 $a=0.65290nm$，$c=0.38580nm$，表明所得 La(OH)$_3$ 样品具有单相六方相晶体结构。在小角 XRD 谱图中未观察到衍射峰，说明在所得样品中存在有序孔结构的可能性不大。

3.2.3　LaFeO$_3$ 纳米材料的晶相组成

3.2.3.1　以 La(OH)$_3$ 纳米棒为模板制备的 LaFeO$_3$ 纳米材料的晶相组成

从 XRD 谱图(图 3-5)可知，部分衍射峰的位置和相对强度与斜方晶型 LaFeO$_3$(JCPDS No.34-1493)的一致，晶格常数 $a=0.50356nm$，$c=1.37489nm$。由于焙烧温度不够高，导致样品中还含有未反应的 La(OH)$_3$ 和 Fe_2O_3 晶相。与在 650℃ 焙烧后的样品相比，经 750℃ 焙烧后所得样品中 La(OH)$_3$ 和 Fe_2O_3 的衍射峰强度有所减弱。

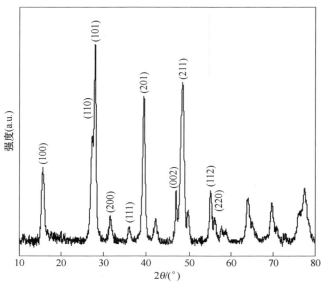

图 3-4　所得 La(OH)$_3$ 样品的 XRD 谱图

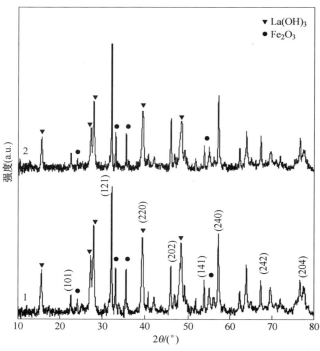

图 3-5　前驱体经 650℃ 和 750℃ 灼烧后制得样品的 XRD 谱图
1—LaFeO$_3$-650 样品；2—LaFeO$_3$-750 样品

3.2.3.2 以 Fe_2O_3 纳米棒为模板制备的 $LaFeO_3$ 纳米材料的晶相组成

从 XRD 谱图(图 3-6)可知,部分衍射峰的位置和相对强度与斜方晶型 $LaFeO_3$(JCPDS No.37-1493)的一致,晶格常数 $a=0.50356\mathrm{nm}$,$c=1.37489\mathrm{nm}$。此外,样品中还含有多种杂质,如 $La(OH)_3$、Fe_2O_3、La_2O_3、$LaClO$。随灼烧温度的升高,归属为 $La(OH)_3$ 和 Fe_2O_3 晶相的衍射峰的强度逐渐减弱,而归属为 $LaFeO_3$ 晶相的衍射峰的强度逐渐增强。这一结果表明,提高灼烧温度有利于钙钛矿晶相的形成。

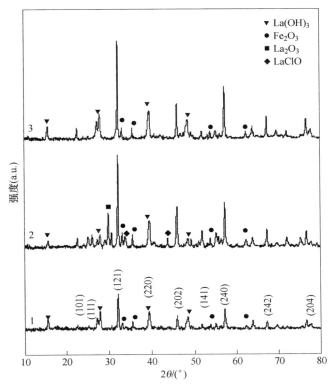

图 3-6 前驱体经不同温度灼烧制得样品的 XRD 谱图
1—$LaFeO_3$-650 样品;2—$LaFeO_3$-700 样品;3—$LaFeO_3$-750 样品

3.2.3.3 以 FeNTA 纳米线为模板制备的 $LaFeO_3$ 纳米材料的晶相组成

图 3-7 是前驱体经 650℃ 和 750℃ 灼烧制得的样品的 XRD 谱图。从图可知,部分衍射峰的位置和相对强度与斜方晶型 $LaFeO_3$(JCPDS No.37-1493)的一致,晶格常数 $a=0.41202\mathrm{nm}$,$c=0.68817\mathrm{nm}$。此外,样品中还含有多种杂质,如 $La(OH)_3$、La_2O_3、$LaClO$ 和 $LaHO$。当焙烧温度从 650℃ 升高至 750℃ 后,随着灼烧温度的增加,归属为 $LaFeO_3$ 晶相的衍射峰的强度增强。这表明提高灼烧温度有利于钙钛矿晶相的形成。

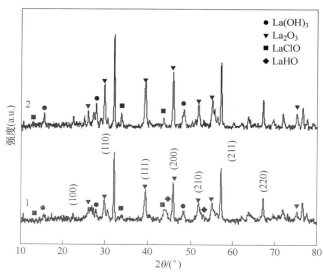

图 3-7 前驱体经 650℃和 750℃灼烧制得样品的 XRD 谱图
1—LaFeO₃-650 样品；2—LaFeO₃-750 样品

3.3 表面形貌

3.3.1 一维单晶 α-Fe₂O₃ 纳米材料的表面形貌

3.3.1.1 一维单晶 α-Fe₂O₃ 纳米棒的表面形貌

图 3-8 为 α-Fe₂O₃ 纳米棒前驱体 FeOOH 样品的 SEM 照片。由图 3-8 可知，前驱体 FeOOH 的形貌较为规整，呈短棒状结构，粒径分布均匀，长为 175～

图 3-8 α-Fe₂O₃ 纳米棒前驱体 FeOOH 样品的 SEM 照片

250nm，直径为 40~60nm。图 3-9 为所得 α-Fe_2O_3 纳米棒样品的 SEM 照片。可以看出，经 350℃ 灼烧 4h 后，α-Fe_2O_3 基本上保留了前驱体 FeOOH 的短棒状形貌，粒径分布均匀，长为 175~300nm，直径为 40~75nm。与前驱体 FeOOH 短棒状纳米粒子相比，短棒状 α-Fe_2O_3 纳米粒子的尺寸有所增大，表面变得粗糙，这可能是由于 FeOOH 的分解导致在表面形成部分孔/洞。

(a)　　　　　　　　　　　　(b)

图 3-9　α-Fe_2O_3 纳米棒样品的 SEM 照片

3.3.1.2　一维单晶 α-Fe_2O_3 纳米线的表面形貌

图 3-10 为 α-Fe_2O_3 纳米线前驱体 FeNTA 样品的 SEM 照片。可以看出，前驱体 FeNTA 具有规整的纳米线形貌，纳米线长度为 100~120μm，没有其他形貌纳米粒子的生成。这说明采用 NTA 为表面活性剂，是一种合成 FeNTA 纳米线的

(a)　　　　　　　　　　　　(b)

图 3-10　α-Fe_2O_3 纳米线前驱体 FeNTA 样品的 SEM 照片

有效方法。氨三乙酸是一种四齿配体的有机螯合剂，六配位的金属（例如铁）可以和氨三乙酸形成三元配合物。当氨三乙酸被加入到 $FeCl_3$ 溶液中后，形成 FeNTA 配位化合物。在室温下，观察到淡黄色沉淀的形成。在溶剂热条件下，这些 FeNTA 单体进一步反应，形成长链产物。由于范德华力的作用，这些聚合物链可自组装形成纳米线的结构。图 3-10(b) 为前驱体 FeNTA 的高倍 SEM 照片。可以看出，前驱体 FeNTA 纳米线具有光滑的表面和均匀分布的直径。当电子束集中在单根前驱体纳米线上时，线状结构在几分钟后就出现破坏，说明前驱体 FeNTA 在电子束下的不稳定属性。图 3-11 为前驱体 FeNTA 经 500℃ 灼烧后制得的 $\alpha\text{-}Fe_2O_3$ 纳米线样品的 SEM 照片。可以看出，可能是灼烧温度选择偏高的原因，由于 FeNTA 氧化分解生成 Fe_2O_3，数十微米长的纳米线被烧断形成数微米长的多孔纳米棒。

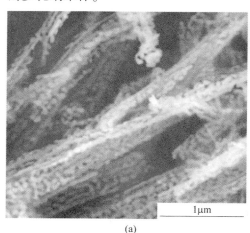
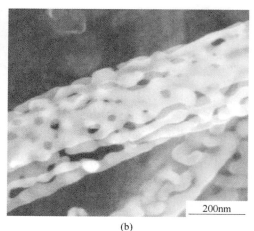

(a)   (b)

图 3-11 $\alpha\text{-}Fe_2O_3$ 纳米线样品的 SEM 照片

3.3.1.3 一维单晶 $\alpha\text{-}Fe_2O_3$ 纳米管的表面形貌

图 3-12 和图 3-13 分别为 $\alpha\text{-}Fe_2O_3$ 纳米管的 SEM 和 TEM 照片。从 SEM 照片可以看出，所得 $\alpha\text{-}Fe_2O_3$ 整体呈椭球形，粒子尺寸大小不均一。从 TEM 照片可以看出，这些椭球形颗粒都是中空的，因此暂称为纳米管。

3.3.2 一维单晶 $La(OH)_3$ 纳米棒的表面形貌

图 3-14 为所得 $La(OH)_3$ 样品的 SEM 照片。可以看出，该 $La(OH)_3$ 样品由随机分散的纳米棒组成，直径和长度分别为 20~35nm 和 300~350nm。

3.3.3 $LaFeO_3$ 纳米材料的表面形貌

3.3.3.1 以 $La(OH)_3$ 纳米棒为模板制备的 $LaFeO_3$ 纳米材料的表面形貌

图 3-15 和图 3-16 分别是前驱体和经 650℃ 灼烧制得的样品的 SEM 照片。可

3.3 表面形貌

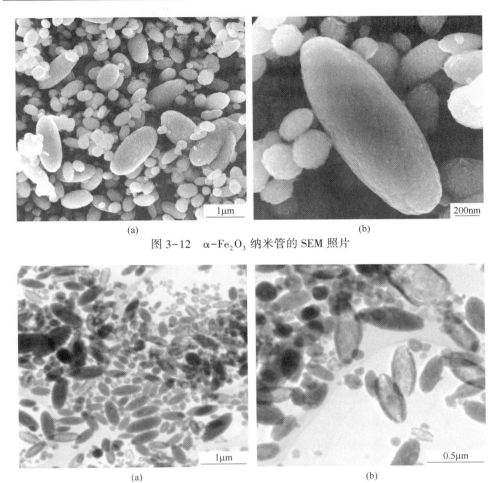

图 3-12 $\alpha\text{-}Fe_2O_3$ 纳米管的 SEM 照片

图 3-13 $\alpha\text{-}Fe_2O_3$ 纳米管的 TEM 照片

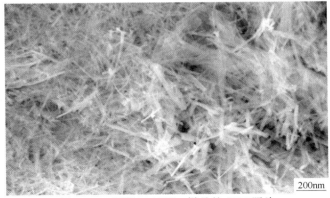

图 3-14 所得 $La(OH)_3$ 样品的 SEM 照片

以看出，焙烧后的样品基本上呈不规则形貌。也就是说，未能以 La(OH)$_3$ 纳米棒为模板合成得到 LaFeO$_3$ 纳米棒。

图 3-15　LaFeO$_3$ 纳米材料前驱体的 SEM 照片

(a)　　　　　　　　　　　　　(b)

图 3-16　前驱体经 650℃ 灼烧后制得的 LaFeO$_3$-650 样品的 SEM 照片

3.3.3.2　以 Fe$_2$O$_3$ 纳米棒为模板制备的 LaFeO$_3$ 纳米材料的表面形貌

图 3-17、图 3-18 和图 3-19 分别为前驱体经 650℃、700℃、750℃ 灼烧得到的样品的 SEM 照片。可以看出，经灼烧后，样品保留了模板 α-Fe$_2$O$_3$ 纳米棒的形貌，基本上由短棒状粒子组成。随着灼烧温度的升高，粒径分布更加均匀；测得经 700℃ 灼烧后粒子的长度为 430~670nm，直径为 60~75nm；经 750℃ 灼烧后所得粒子的长度为 500~600nm，直径为 60~70nm，粒子的长度和粒径范围有所减小。与 α-Fe$_2$O$_3$ 纳米棒相比，颗粒尺寸有所长大。

3.3 表面形貌

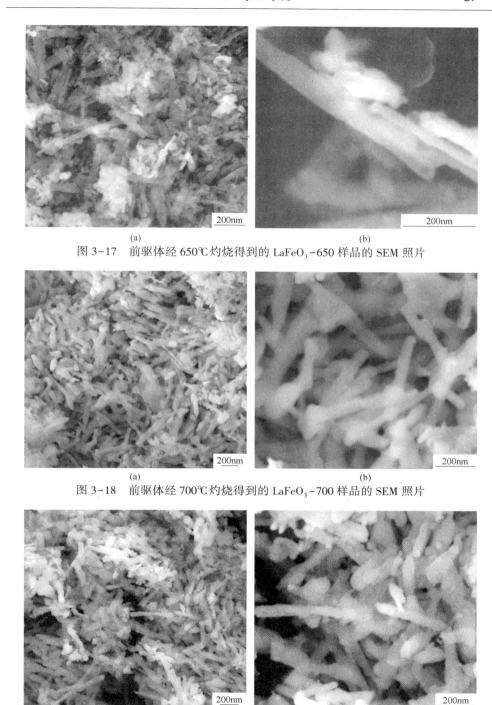

图 3-17 前驱体经 650℃灼烧得到的 $LaFeO_3$-650 样品的 SEM 照片

图 3-18 前驱体经 700℃灼烧得到的 $LaFeO_3$-700 样品的 SEM 照片

图 3-19 前驱体经 750℃灼烧得到的 $LaFeO_3$-750 样品的 SEM 照片

图 3-20 为前驱体经 750℃灼烧得到的样品的 TEM 照片。由图 3-20 可看出，样品由短棒状纳米颗粒组成，与 SEM 的表征结果相一致。从图 3-20(c) 和(d) 可知，晶面间距分别为 0.32nm 和 0.27nm，接近于斜方晶型 LaFeO$_3$（JCPDS No. 37-1493）(101) 和 (121) 晶面的晶面间距(分别为 0.31nm 和 0.28nm)，表明这些短棒状纳米颗粒为斜方晶相 LaFeO$_3$，而不是模板 α-Fe$_2$O$_3$。SAED 图案表明，所得样品呈多晶态。

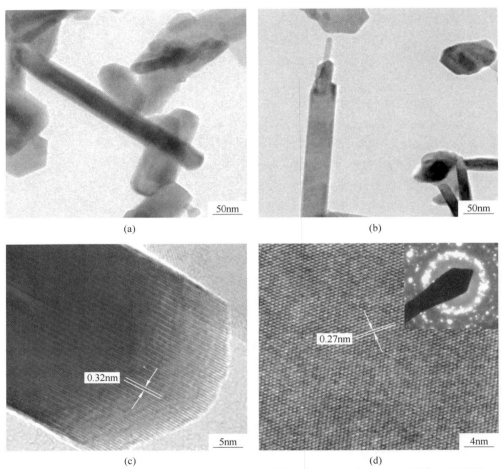

图 3-20 前驱体经 750℃灼烧得到的 LaFeO$_3$-750 样品的 TEM 照片和 SAED 图案（内置图）

3.3.3.3 以 FeNTA 纳米线为模板制备的 LaFeO$_3$ 纳米材料的表面形貌

从图 3-21 和图 3-22 可知，样品主要由棒状和无规则形貌的纳米颗粒组成。未能以 FeNTA 纳米线为模板制得一维 LaFeO$_3$ 纳米材料，可能与前驱体中 Fe:La 的摩尔比约为 1:3，远小于形成 LaFeO$_3$ 所需的摩尔比(1:1) 有关；所得样品中棒状粒子主要为 La(OH)$_3$，无规则形貌的纳米颗粒则可能是 LaFeO$_3$。

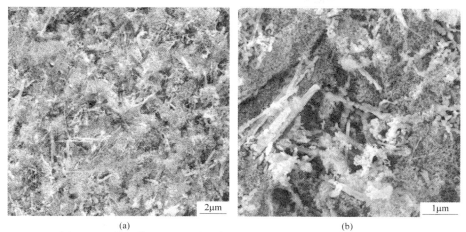

图 3-21　前驱体经 650℃ 灼烧制得的 $LaFeO_3$-650 样品的 SEM 照片

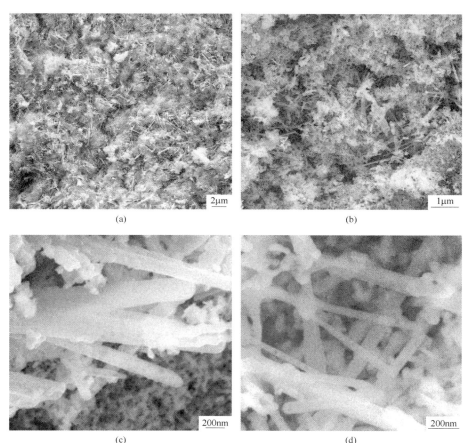

图 3-22　前驱体经 750℃ 灼烧制得的 $LaFeO_3$-750 样品的 SEM 照片

3.3.3.4 以 La(OH)$_3$ 纳米棒为模板，按照合成 Fe$_2$O$_3$ 纳米管的方法制备 LaFeO$_3$ 纳米材料的表面形貌

图 3-23 为前驱体经 650℃ 灼烧得到的 LaFeO$_3$-650 样品的 SEM 照片。可以看出，经灼烧后，样品保留了 α-Fe$_2$O$_3$ 纳米管的形貌，产物为形貌较均匀的中空短管状纳米粒子。经 650℃ 灼烧后纳米管长度为 410～500nm，内径为 90～120nm，壁厚为 40～60nm。

图 3-23　前驱体经 650℃ 灼烧制得的 LaFeO$_3$-650 样品的 SEM 照片

图 3-24 为前驱体经 750℃ 灼烧得到的 LaFeO$_3$-750 样品的 SEM 照片。可以看出，经灼烧后，样品保留了 α-Fe$_2$O$_3$ 纳米管的形貌，产物为形貌较均匀的中空短管状纳米粒子。经 750℃ 灼烧后纳米管长度为 500～550nm，内径为 80～100nm，壁厚为 30～50nm。所测得结果与 650℃ 灼烧后样品进行比较可知，粒子平均长度有所增加、内径变大、壁厚变小，说明温度升高有利于形成形貌更为规整、中空孔结构更为明显的管状粒子。

图 3-24　前驱体经 750℃ 灼烧制得的 LaFeO$_3$-750 样品的 SEM 照片

图 3-25 为前驱体经 650℃灼烧制得的 LaFeO$_3$-650 样品的 TEM 照片和 SAED 图案（内置），从图 3-25 中可看出，样品的形貌和 SEM 图中形貌一致，基本都呈现形貌比较均匀的管状结构。在 SAED 图案中，呈直线排列的电子衍射亮点表明所得样品为单晶。

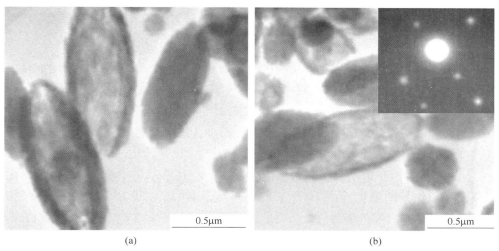

图 3-25　前驱体经 650℃灼烧制得的 LaFeO$_3$-650 样品的 TEM 照片和 SAED 图案（内置图）

图 3-26 为前驱体经 750℃灼烧制得的 LaFeO$_3$-750 样品的 TEM 照片和 SAED 图案。从图 3-26 中可看出，样品的形貌和 SEM 图中形貌一致，基本呈现管状结构。在 SAED 图案中，呈直线排列的电子衍射亮点表明所得样品为单晶。

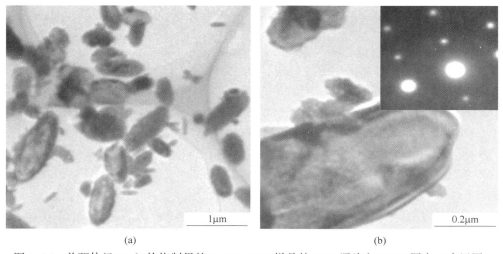

图 3-26　前驱体经 750℃灼烧制得的 LaFeO$_3$-750 样品的 TEM 照片和 SAED 图案（内置图）

4 介孔过渡金属氧化物及其负载金纳米催化剂的制备、表征及催化性能

由于具有发达的孔道结构和更高的比表面积，多孔金属氧化物在环境催化中备受关注。例如，多孔 Co_3O_4 对 CO 氧化表现出较好的催化活性[145,146]。介孔 MnO_2 也广泛用于催化氧化 CO、苯或甲苯等大气污染物[24,147~149]。介孔 Cr_2O_3[150] 在正丁烷和乙酸乙酯的完全氧化反应中，比其他传统的金属氧化物具有更好的活性。在多孔 Cr_2O_3 催化氧化作用下，甲苯在 100℃ 开始转化，300℃ 即可完全转化[151,152]。作者所在课题组在前期工作中发现，介孔 Co_3O_4 和 MnO_2 对甲苯氧化反应表现出优异的催化性能[153,154]。此外，在本书的第二章中，也发现负载 Au 纳米催化剂具有良好的催化活性。因此，本章内容为先采用 KIT-6 硬模板的纳米复制法制备介孔 Co_3O_4、MnO_2 和 Cr_2O_3，再采用 PVA 保护的 $NaBH_4$ 还原法制备介孔 Co_3O_4、MnO_2 和 Cr_2O_3 负载 Au 纳米催化剂，利用多种表征手段表征其物化性质，并评价其对 CO 氧化反应的催化活性。

4.1 催化剂制备

4.1.1 介孔 Co_3O_4、MnO_2 和 Cr_2O_3 的制备

介孔 Co_3O_4、MnO_2 和 Cr_2O_3 的制备方法如下：

（1）KIT-6 的制备。参照 Ryoo 等报道的合成方法[155,156]。将 6g P123 加入 220mL 去离子水，再加入 12g 浓盐酸，在 35℃ 下持续搅拌待 P123 完全溶解后，加入 6g 正丁醇（n-BuOH）继续在 35℃ 下搅拌 1h，然后缓慢加入 13g 正硅酸乙酯（TEOS），在 35℃ 下搅拌 24h。各组分的摩尔比为 TEOS∶P123∶HCl∶H_2O∶BuOH＝1∶0.017∶1.83∶195∶1.31。之后将所得混合物转移至内衬容积为 100mL 的自压釜中（80% 填充量），于 100℃ 处理 24h。再将所得产物抽滤，用去离子水和乙醇洗涤，至滤液无泡沫。将产物放入烘箱烘干得到白色粉末，在 550℃ 灼烧 3h（升温速率为 1℃/min）后，得到 KIT-6 粉末。

（2）介孔 Co_3O_4 的制备。在常温常压下，称取 1g 硝酸钴溶于 20mL 乙醇搅拌至澄清溶液；称取 2g KIT-6 加入到上述溶液中，室温搅拌至完全干燥；将干燥后的粉末置于磁舟中，马弗炉中 300℃ 保持 3h（升温速率为 1℃/min），所得粉末再重新浸渍一次，室温搅拌至完全干燥；用 2mol/L 氢氧化钠除去模板，洗涤，

60℃干燥得到介孔氧化钴(meso-Co_3O_4)。

（3）介孔 MnO_2 制备。在常温常压下，称取 30g 硝酸锰与 20mL 去离子水混合，搅拌得到澄清透明溶液；称取 5g KIT-6 加入到 200mL 正己烷中搅拌 3h 至充分分散；将部分硝酸锰溶液缓慢滴加到处理过的 KIT-6 粉末体系中，持续搅拌 12h；抽滤后，在室温下放置至完全干燥；将样品置于磁舟中，马弗炉中 400℃ 保持 3h(升温速率为 1℃/min)，得到的产物用 2mol/L 氢氧化钠水溶液去除模板，去离子水清洗若干次，60℃干燥得到介孔氧化锰(meso-MnO_2)。

（4）介孔 Cr_2O_3 制备。参照介孔 MnO_2 的制备方法。前驱体为硝酸铬，焙烧温度为 500℃保持 3h(升温速率为 1℃/min)，得到的产物用 2mol/L 氢氧化钠水溶液去除模板，去离子水清洗若干次，60℃干燥得到介孔氧化铬(meso-Cr_2O_3)。

4.1.2 负载型 Au 纳米催化剂的制备

采用 PVA 保护的 $NaBH_4$ 还原法制备介孔 MO_x(M=Co，Mn，Cr)负载 Au 纳米催化剂[157]。向 100mg/L $HAuCl_4$ 水溶液中加入保护剂 PVA(Au/PVA 质量比 = 1.5:1mg/mg)，持续搅拌 10min；加入 0.1mol/L $NaBH_4$ 水溶液(Au/$NaBH_4$ 摩尔比 = 1:5mol/mol)；根据负载量，加入定量介孔金属氧化物，并继续搅拌 20min；待金胶体完全负载在载体上后，抽滤、去离子水洗涤若干次，在 80℃干燥，然后置于马弗炉中，在 250℃焙烧 4h(升温速率为 1℃/min)。

4.2 催化剂性能评价

对于 CO 催化氧化反应，采用石英固定床微型反应器(直径为 6mm)评价催化剂的活性。催化剂用量为 0.05g，颗粒度为 0.38~0.25mm(40~60 目)。反应气组成为 1%CO+99%空气（体积分数），CO/O_2 摩尔比为 1/20，空速为 20000mL/(g·h)。为避免 CO 氧化过程中可能产生的局部热点现象，采用石英砂稀释催化剂颗粒（催化剂颗粒与石英砂质量比为 1:5）。反应器出口气体用气相色谱仪(岛津 GC-14C)进行分析，采用 13X 填充柱分离 CO、O_2 和 N_2 等组分，TCD 电流为 140mA，柱温、汽化室温度和检测器温度分别为 70℃、70℃和 90℃。

4.3 晶相组成

4.3.1 介孔 Co_3O_4 及其负载 Au 纳米催化剂的晶相组成

图 4-1 为 meso-Co_3O_4 和 Au/meso-Co_3O_4 的 XRD 谱图。与标准 Co_3O_4 样品的 XRD 谱图(JCPDS No.74-1657)对照可知，采用 KIT-6 为硬模板所制得的介孔 Co_3O_4 为面心立方相 Co_3O_4。不含任何杂质峰，说明硬模板 SiO_2 已被完全除去。从小角 XRD 图谱可见，对于 KIT-6 样品，在 $2\theta = 0.9°\sim1.1°$ 处有明显的衍射

峰，说明其具有有序介孔结构。但是经过纳米复制制得的介孔 Co_3O_4 在此位置却

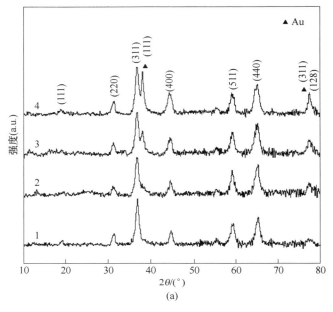

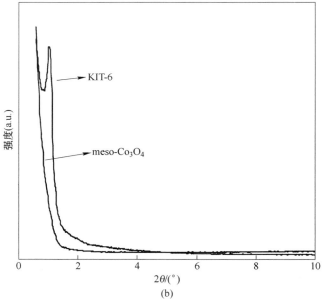

图 4-1　广角(a)和小角(b) XRD 谱图

1—meso-Co_3O_4 样品；2—2% Au/meso-Co_3O_4 样品；

3—5% Au/meso-Co_3O_4 样品；4—8% Au/meso-Co_3O_4 样品

没有衍射峰,说明最后没有得到有序介孔 Co_3O_4。与标准 Au 样品的 XRD 谱图 (JCPDS No.04-0784) 相比,对于质量分数 2% Au/meso-Co_3O_4 样品,未检测到可归属为 Au 物种的衍射峰,可能是因为 XRD 监测下限所致;但对于 5% Au/meso-Co_3O_4 和质量分数 8% Au/meso-Co_3O_4 样品,在 $2\theta=38.1°$ 和 77.6°处有明显的衍射峰,分别对应于 Au 的(111)和(311)晶面。这说明随 Au 负载量的增加,Au 纳米粒子可均匀分布在载体表面。

4.3.2　介孔 MnO_2 及其负载 Au 纳米催化剂的晶相组成

图 4-2 为 meso-MnO_2 和 Au/meso-MnO_2 样品的 XRD 谱图。从广角 XRD 谱图可以看出,所制备的介孔 MnO_2 都出现明显的衍射峰,说明在此温度下焙烧处理可使样品充分晶化。与 MnO_2 标准谱图(JCPDS PDF# 24-0735)对照可知,其为四方相 β-MnO_2。从小角 XRD 谱图可以看出,介孔 MnO_2 与 KIT-6 有明显差异,在 $2\theta=0.9°\sim1.1°$ 处未出现衍射峰,说明介孔 MnO_2 不具有有序介孔结构。与 Au 的标准 XRD 谱图(JCPDS No.04-0784) 相比,对于质量分数 2% Au/meso-MnO_2 样品,未检测到可以归属为 Au 物种的衍射峰;但对于质量分数 5% 和 8% Au/meso-MnO_2 样品,在 $2\theta=38.2°$、44.4°和 77.6°处有明显的衍射峰,分别对应于 Au 的(111)、(200)和(311)晶面。这说明随 Au 负载量的增加,Au 纳米粒子可均匀分布在载体表面。

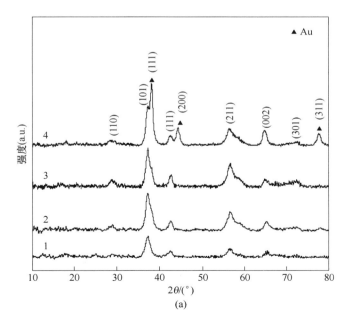

(a)

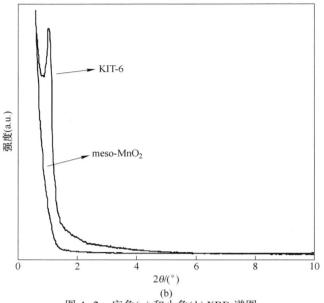

(b)

图 4-2　广角(a)和小角(b) XRD 谱图

1—meso-MnO_2 样品；2—2% Au/meso-MnO_2 样品；
3—5% Au/meso-MnO_2 样品；4—8% Au/meso-MnO_2 样品

4.3.3　介孔 Cr_2O_3 及其负载 Au 纳米催化剂的晶相组成

图 4-3 为所制备的 meso-Cr_2O_3 和 Au/meso-Cr_2O_3 样品的 XRD 谱图。对比

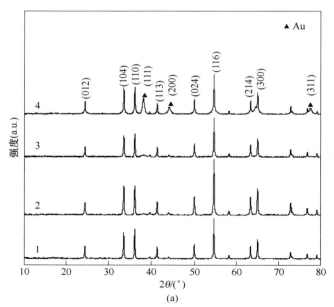

(a)

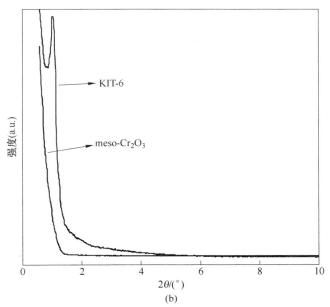

图 4-3　广角(a)和小角(b)XRD 谱图
1—meso-Cr$_2$O$_3$ 样品；2—2% Au/meso-Cr$_2$O$_3$ 样品；
3—5% Au/meso-Cr$_2$O$_3$ 样品；4—8% Au/meso-Cr$_2$O$_3$ 样品

Cr$_2$O$_3$ 的标准谱图(JCPDS No.84-1616)可知,所得 meso-Cr$_2$O$_3$ 为六方相结构的 Cr$_2$O$_3$。从小角 XRD 谱图可知,对于 KIT-6 样品,在 $2\theta=0.9°\sim1.1°$ 处有衍射峰出现,说明其具有有序介孔结构；但对于 meso-Cr$_2$O$_3$ 样品,在 $2\theta=0.9°\sim1.1°$ 处未出现衍射峰,说明其不具有有序介孔结构。

4.4　表面形貌、孔结构和比表面积

4.4.1　介孔 Co$_3$O$_4$ 及其负载 Au 纳米催化剂表面形貌、孔结构和比表面积

图 4-4 是 meso-Co$_3$O$_4$ 和 Au/meso-Co$_3$O$_4$ 样品的 SEM 和 TEM 照片以及 SAED 衍射图案（内置图）。从 SEM 照片可以看出,meso-Co$_3$O$_4$ 和 Au/meso-Co$_3$O$_4$ 呈无规则形貌,是由许多小粒子堆积形成的块体材料。从 TEM 照片可看出,meso-Co$_3$O$_4$ 和 Au/meso-Co$_3$O$_4$ 均存在粒子堆积形成的蠕虫状孔道结构。未能形成有序介孔的原因是,在浸渍过程中前驱体填充不饱和,导致粒子迁移和团聚出现[5]。在 HRTEM 照片中,可观察到清晰的衍射条纹,晶面间距约为 0.24nm 和 0.25nm,分别与 Au 的(111)晶面和 Co$_3$O$_4$ 的(311)晶面间距接近。SAED 衍射图案呈多环状,说明载体 Co$_3$O$_4$ 是多晶结构。Au 纳米粒子均匀的分散在载体表面,粒径约为 5~7nm。

从图4-5可知，meso-Co_3O_4和Au/meso-Co_3O_4样品均表现出Ⅳ型吸-脱附等温线特征，属于介孔材料等温线[158]。在相对压力较低的区域，有一个上升的过程，呈向上凸的形状，表明样品中含有一定量的微孔。在相对压力0.6~0.95之间出现的H_2滞后环，表明样品孔径分布是相对较宽介孔材料且是由颗粒聚集而成，与SEM和TEM照片显示基于吻合。从孔径分布曲线可以看出，尖峰出现在12~13nm处，meso-Co_3O_4和Au/meso-Co_3O_4样品的孔径分布相近，均匀性一般。表4-1给出了KIT-6、meso-Co_3O_4和Au/meso-Co_3O_4样品的孔结构数据。

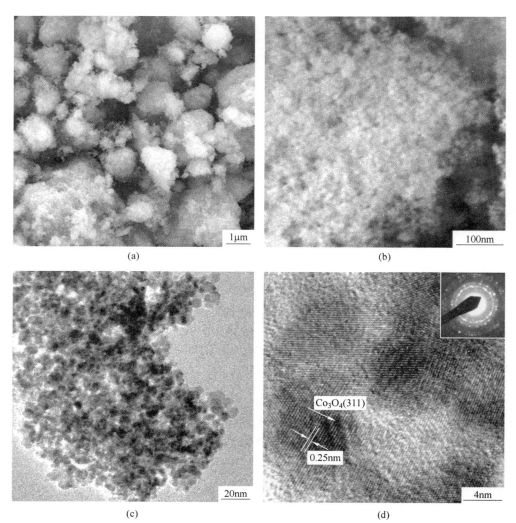

4.4 表面形貌、孔结构和比表面积

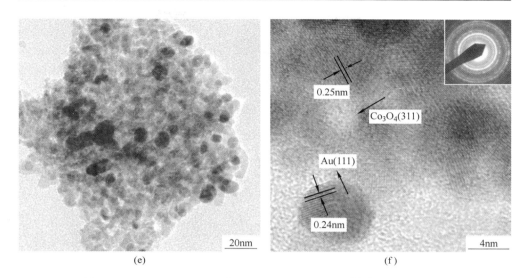

图 4-4 meso-Co_3O_4(a~d) 和 Au/meso-Co_3O_4(e, f) 样品的 SEM(a, b) 和 TEM(c~f) 照片以及 SAED 图案（内置图）

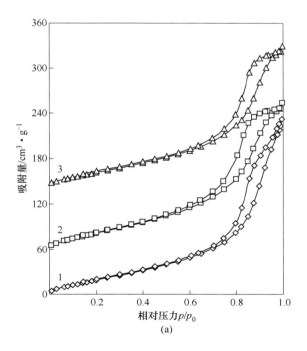

(a)

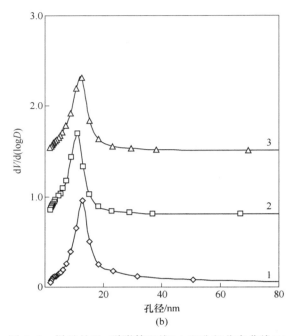

图 4-5 样品的吸-脱附等温线(a)和孔径分布曲线(b)
1—meso-Co_3O_4 样品；2—5%Au/meso-Co_3O_4 样品；3—8%Au/meso-Co_3O_4 样品

表 4-1 KIT-6、meso-Co_3O_4 和 Au/meso-Co_3O_4 样品的孔结构参数

样　品	比表面积/$m^2 \cdot g^{-1}$	平均孔径/nm	孔容/$cm^3 \cdot g^{-1}$
KIT-6	789	6.2	1.02
meso-Co_3O_4	142	9.1	0.40
5%Au/meso-Co_3O_4	151	7.2	0.34
8%Au/meso-Co_3O_4	139	8.4	0.32

从表 4-1 中可知，所制得 meso-Co_3O_4 和 Au/meso-Co_3O_4 样品的比表面积为 139~151m^2/g，高于文献值 64~92m^2/g[159]，但是却远低于硬模板 KIT-6 的比表面积。这是因为高温焙烧使金属氧化物的有序介孔孔道塌陷，但是硬模板 KIT-6 抑制了 Co_3O_4 晶粒的长大和聚集，使得 meso-Co_3O_4 和 Au/meso-Co_3O_4 样品仍具有较大的比表面积。

4.4.2 介孔 MnO_2 及其负载 Au 纳米催化剂表面形貌、孔结构和比表面积

图 4-6 是 meso-MnO_2 和 Au/meso-MnO_2 样品的吸-脱附等温线和孔径分布曲线。meso-MnO_2 和 Au/meso-MnO_2 在相对压力为 0.6~0.95 之间，出现一个 H_2 型滞后环，说明样品具有第Ⅳ型等温线[160]。从孔径分布曲线图可以看出，meso-

4.4 表面形貌、孔结构和比表面积

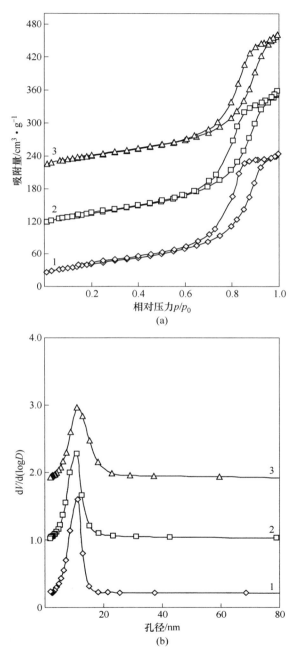

图 4-6 催化剂的吸-脱附等温线(a)和孔径分布曲线(b)
1—meso-MnO_2 样品；2—2% Au/meso-MnO_2 样品；3—8% Au/meso-MnO_2 样品

MnO_2 和 Au/meso-MnO_2 在 13nm 处出现较为尖锐的峰，随着负载量的增加，介孔孔径分布变宽，说明其均匀性下降。从表 4-2 可知，meso-MnO_2 和 Au/meso-MnO_2 的比表面积介于 145~161m^2/g。随着 Au 负载量的增加，样品的比表面积有所减小，可能是由于 Au 纳米粒子堵塞了部分介孔孔道所致。meso-MnO_2 和 Au/meso-MnO_2 样品的 SEM 和 TEM 照片如图 4-7 所示。可以看出，采用硬模板法制备的 MnO_2 样品中未能形成有序的介孔孔道，而是由纳米粒子堆积形成的无序孔。SAED 图案存在多个衍射环，说明 MnO_2 样品呈多晶结构。在 HRTEM 照片中，可以观察到清晰的衍射条纹，晶面间距约为 0.23nm 和 0.161nm，分别与 Au 的(111)晶面和 MnO_2 的(211)晶面间距接近。Au 纳米粒子均匀的分散在载体表面，粒径约为 5~7nm。

表 4-2　KIT-6、meso-MnO_2 和 Au/meso-MnO_2 样品的孔结构参数

样　品	比表面积/$m^2 \cdot g^{-1}$	平均孔径/nm	孔容/$cm^3 \cdot g^{-1}$
KIT-6	789	6.2	1.02
meso-MnO_2	161	8.5	0.42
2%Au/meso-MnO_2	149	8.3	0.38
8%Au/meso-MnO_2	145	9.3	0.41

4.4.3　介孔 Cr_2O_3 及其负载 Au 纳米催化剂表面形貌、孔结构和比表面积

图 4-8 为 meso-Cr_2O_3 和 Au/meso-Cr_2O_3 样品的 N_2 吸附-脱附等温线和孔径分布曲线。从图可知，meso-Cr_2O_3 和 Au/meso-Cr_2O_3 样品具有 II 型吸附等温线，在相对压力为 0.8~1.0 的范围内形成 H_3 滞后环，在相对压力为 0.2~0.8 的范围

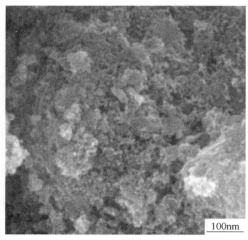

(a)　　　　　　　　　　　　　　(b)

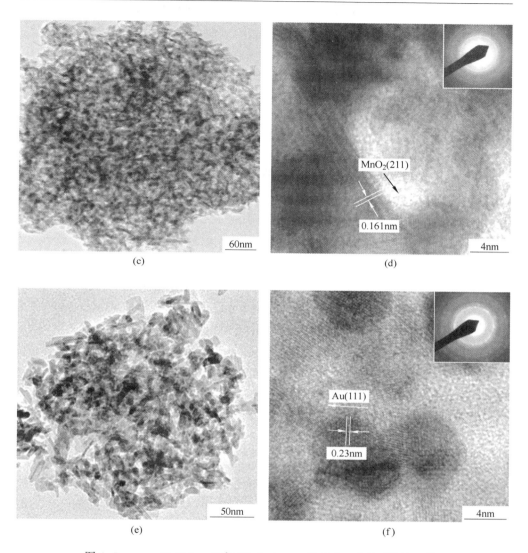

图 4-7　meso-MnO$_2$(a~d) 和 5% Au/meso-MnO$_2$(e, f) 的 SEM(a, b) 和 TEM(c~f) 照片以及 SAED 图案（内置图）

内形成一个小的 H$_2$ 滞后环，是由毛细管凝聚形成的，表明该样品存在部分介孔[161]，高压区的 H$_3$ 滞后环，表明材料中有片状颗粒，这一点在 SEM 和 TEM 照片中也得证实。以上结果表明，所制得的 meso-Cr$_2$O$_3$ 和 Au/meso-Cr$_2$O$_3$ 样品具有部分介孔结构，但跟 Co 系和 Mn 系样品相比，有较大差距。meso-Cr$_2$O$_3$ 和 Au/meso-Cr$_2$O$_3$ 样品的比表面积为 18.1~23.0m^2/g，这进一步证明 meso-Cr$_2$O$_3$ 和 Au/meso-Cr$_2$O$_3$ 样品中介孔结构所占的比例有限。

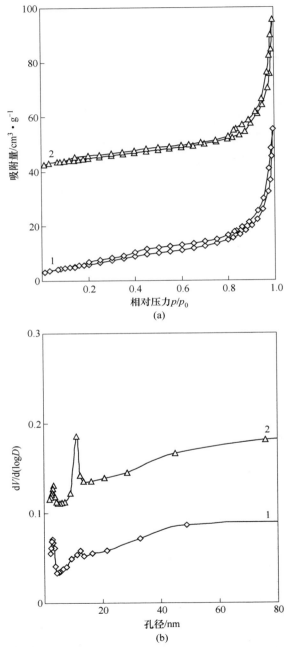

图 4-8　样品的 N_2 吸-脱附等温线(a)和孔径分布曲线(b)

1—meso-Cr_2O_3 样品；2—5% Au/meso-Cr_2O_3 样品

4.4 表面形貌、孔结构和比表面积

图 4-9 为 meso-Cr_2O_3 和 5% Au/meso-Cr_2O_3（质量分数）样品的 SEM 和 TEM 照片以及 SAED 图案（内置图）。从 SEM 照片可知，在 meso-Cr_2O_3 样品中存在着两种形态：六边形块状结构和介孔结构。不过介孔结构所占比例较少，这与 meso-Cr_2O_3 样品较低的比表面积结果一致。从 TEM 照片可知，该样品具有三维有序的孔道结构，孔壁是高度晶化的。在 HRTEM 照片中，存在明显的衍射条纹，晶面间距约为 0.23nm 和 0.25nm，分别对应于 Au 的(111)晶面和 Cr_2O_3 的(110)晶面[162]。以上结果表明，绝大多数硝酸铬前驱体并未进入 KIT-6 孔道内部，而是可能附着在 KIT-6 表面，导致仅有少量介孔结构形成。

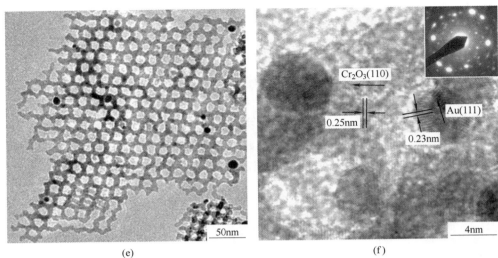

图 4-9 meso-Cr_2O_3(a~d) 和 5% Au/meso-Cr_2O_3(e, f) 的 SEM(a, b) 和 TEM(c~f) 照片以及 SAED 图案（内置图）

4.5 催化氧化性能

4.5.1 介孔 Co_3O_4 及其负载 Au 纳米催化剂的催化氧化性能

在空白实验（只装填石英砂）中，在反应气组成为 1% CO 和 99% 空气（体积分数），空速为 20000mL/(g·h) 和反应温度不大于 400℃ 的条件下，CO 并无明显转化。从图 4-10 可以看出，介孔 Co_3O_4 比体相 Co_3O_4 表现出更好的催化 CO 氧化的性能，表明大的比表面积有利于暴露更多吸附和活化反应物分子的活性位点。往介孔 Co_3O_4 上担载 Au 纳米粒子后，随着 Au 负载量（质量分数）的增加，催化 CO 氧化性能得到显著提高，甚至在常温下就可将 CO 完全转化为 CO_2。从图 4-10 和表 4-3 可知，所得催化剂对 CO 氧化的活性依次按质量分数 8% Au/meso-Co_3O_4 > 5% Au/meso-Co_3O_4 > 2% Au/meso-Co_3O_4 > meso-Co_3O_4 > bulk Co_3O_4 的次序降低。

表 4-3 在 CO 浓度为 1%、空速为 20000mL/(g·h) 的反应条件下，所制得 meso-Co_3O_4 和 Au/meso-Co_3O_4 上的 $T_{10\%}$、$T_{50\%}$ 和 $T_{90\%}$

催化剂	$T_{10\%}$/℃	$T_{50\%}$/℃	$T_{90\%}$/℃
Bulk Co_3O_4	135	215	—
meso-Co_3O_4	80	155	190
2%Au/meso-Co_3O_4	—	63	105
5%Au/meso-Co_3O_4	—	38	70
8%Au/meso-Co_3O_4	—	30	60

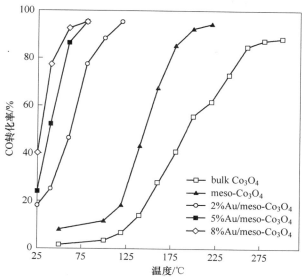

图 4-10 在 CO 浓度为 1%、空速为 20000mL/(g·h) 的反应条件下，meso-Co_3O_4 和 Au/meso-Co_3O_4 上 CO 转化率和温度的关系

4.5.2 介孔 MnO_2 及其负载 Au 纳米催化剂的催化氧化性能

图 4-11 是 meso-MnO_2 和 Au/meso-MnO_2 催化剂催化 CO 氧化活性图。在反应气组成为 1% CO 和 99% 空气（体积分数），空速是 20000mL/(g·h) 的条件下，当反应管中未装填催化剂时，CO 在 400℃ 以下未发生明显转化，表明在本实验中，CO 氧化反应是在催化剂作用下发生的。从图 4-11 可以看出，CO 转化率随反应温度的升高而增加。我们将各个催化剂上 $T_{10\%}$、$T_{50\%}$ 和 $T_{90\%}$ 列于表 4-4 中。从图 4-11 和表 4-4 可知，所得催化剂催化 CO 氧化的反应活性依次按质量分数 8% Au/meso-MnO_2 > 5% Au/meso-MnO_2 > 2% Au/meso-MnO_2 > meso-MnO_2 > bulk MnO_2 的次序降低。8% Au/meso-MnO_2 优异的催化氧化性能主要跟其具有较大的比表面积和较高的 Au 负载量，即具有更多暴露在表面的活性位有关。

表 4-4 在 CO 浓度为 1% 和空速为 20000mL/(g·h) 的反应条件下，所得 meso-MnO_2 和 Au/meso-MnO_2 上 $T_{10\%}$、$T_{50\%}$ 和 $T_{90\%}$

催化剂	$T_{10\%}$/℃	$T_{50\%}$/℃	$T_{90\%}$/℃
Bulk MnO_2	135	200	—
meso-MnO_2	96	140	180
2%Au/meso-MnO_2	30	105	125
5%Au/meso-MnO_2	—	82	115
8%Au/meso-MnO_2	—	42	80

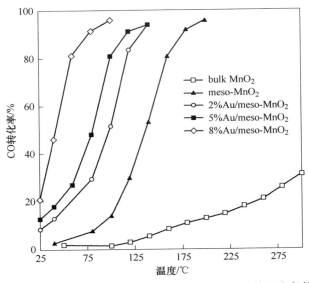

图 4-11 在 CO 浓度为 1% 和空速为 20000mL/(g·h) 的反应条件下，meso-MnO_2 和 Au/meso-MnO_2 上 CO 转化率和温度的关系

4.5.3 介孔 Cr_2O_3 及其负载 Au 纳米催化剂的催化氧化性能

图 4-12 是 meso-Cr_2O_3 和 Au/meso-Cr_2O_3 催化 CO 氧化活性图。由图 4-12

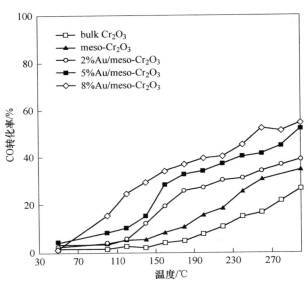

图 4-12 在 CO 浓度为 1%、空速为 20000mL/(g·h) 的反应条件下，meso-Cr_2O_3 和 Au/meso-Cr_2O_3 上 CO 转化率和温度的关系

可看出，随着反应温度的升高，CO 转化率逐渐升高。在反应初始阶段，转化率增加的非常缓慢。随着反应的温度升高，转化率升高速率明显加快。但到达一定温度时，这种变化又变得平缓。催化活性按质量分数 8% Au/meso-Cr_2O_3 > 5% Au/meso-Cr_2O_3 > 2% Au/meso-Cr_2O_3 > meso-Cr_2O_3 > bulk Cr_2O_3 的次序依次降低。表 4-5 给出了各个催化剂上 $T_{10\%}$、$T_{50\%}$ 和 $T_{90\%}$。跟 Co 系和 Mn 系催化剂相比，meso-Cr_2O_3 和 Au/meso-Cr_2O_3 催化剂催化 CO 氧化的活性较差。我们猜测一方面是由于载体 Co_3O_4 和 MnO_2 具有较多的介孔结构，从而有利于活性位的暴露以及反应物的吸附和活化，另一方面是 Au 纳米粒子与载体 Co_3O_4 和 MnO_2 之间具有更强的相互作用，从而导致 Co 系和 Mn 系催化剂表现出更优异的催化 CO 氧化的性能。这给予了我们一个启示，在其他因素基本一致的前提下，选择合适的载体能有效提高催化剂的催化性能。

表 4-5 在 CO 浓度为 1%、空速为 20000mL/(g·h) 的反应条件下，所制得 meso-Cr_2O_3 和 Au/meso-Cr_2O_3 上 $T_{10\%}$、$T_{50\%}$ 和 $T_{90\%}$

催化剂	$T_{10\%}$/℃	$T_{50\%}$/℃	$T_{90\%}$/℃
Bulk Cr_2O_3	214	—	—
meso-Cr_2O_3	172	—	—
2%Au/meso-Cr_2O_3	135	—	—
5%Au/meso-Cr_2O_3	115	295	—
8%Au/meso-Cr_2O_3	80	255	—

5 Co_3O_4 和 Co_3O_4/SBA-15 纳米催化剂的制备、表征及催化性能

在去除 CO 的多种催化剂中，Co_3O_4 作为一种非贵金属催化剂，目前已是研究热点之一。大量的研究也表明，Co_3O_4 在环境催化中显示了优异的催化活性[24,163]。Yao 和 Perti 等[164,165]认为 Co_3O_4 是催化氧化 CO 最好的金属氧化物。Garcia 等[166]制备了比表面积为 $173m^2/g$ 的 Co_3O_4 催化剂，CO 在 300℃ 以下可以被完全氧化，认为这与 Co_3O_4 高比表面积有关。Tüysüz 等[167]观察到，多孔 Co_3O_4 对 CO 氧化反应具有优良的催化性能。Xie 等[76]的实验表明了 Co_3O_4 纳米棒不但显示了 CO 低温氧化性能，还显示了足够的稳定性。

本章内容为采用不同方法制备纳米 Co_3O_4 催化剂，利用多种技术表征催化剂的物化性质，并研究其低温催化 CO 氧化性能。结果表明，采用多元醇法和液相沉积法制备的纳米 Co_3O_4 催化剂，是由纳米粒子堆积产生，常温下就可以把 CO 完全氧化为 CO_2。采用多元醇法制得的 Co_3O_4 催化剂拥有良好的稳定性和耐水性，其性能远优于市场上常见的 CO 氧化催化剂。采用浸渍法和原位水热法合成的 Co_3O_4/SBA-15 催化剂，拥有非常小的 Co_3O_4 纳米粒子，其比表面积远远大于相应的体相催化剂，并且和体相催化剂相比拥有良好的 CO 氧化性能。经过适当的预处理，这些催化剂催化 CO 氧化性能都有大幅度提升，且储存时间不对催化剂性能产生影响。

5.1 催化剂的制备

5.1.1 纳米 Co_3O_4 催化剂的制备

纳米 Co_3O_4 催化剂的制备方法如下：

（1）多元醇法制备 Co_3O_4 催化剂。将 4.98g 醋酸钴溶于 60mL 乙二醇中，逐渐加热到 160℃，在氮气保护下，保持回流。迅速加入 200mL 浓度为 0.2mol/L 的 Na_2CO_3 溶液，继续搅拌 1h。经抽滤和去离子水洗涤后，在 50℃ 干燥，置于马弗炉中 450℃ 灼烧 4h。

（2）液相沉积法制备 Co_3O_4 催化剂。分别配制 100mL 浓度为 0.1mol/L 的硝酸钴溶液和 100mL 浓度为 0.3mol/L 的碳酸氢氨溶液，在不断搅拌的条件下将碳酸氢氨溶液逐滴滴加到硝酸钴溶液中，控制反应混合液温度为 30℃，待滴加完

毕后继续搅拌3h，最终反应混合液pH值为8.5左右。过滤分离出沉淀物，用蒸馏水反复洗涤沉淀，然后放入烘箱80℃干燥10h。将前驱体在300℃下焙烧3h，制得催化剂样品。

5.1.2 纳米 Co_3O_4/SBA-15 催化剂的制备

5.2.2.1 浸渍法制备 Co_3O_4/SBA-15 催化剂

浸渍法制备 Co_3O_4/SBA-15 催化剂方法如下：

（1）SBA-15制备。在搅拌条件下，将2g P123溶解于15mL去离子水和60mL浓度为2mol/L的HCl溶液中。待完全溶解后，将4.25g TEOS（正硅酸乙酯）滴加到上述溶液中，于40℃搅拌24h。然后将混合物转移至容积为100mL的自压反应釜中，于100℃恒温处理48h，经过滤、去离子水和乙醇洗涤并在100℃干燥12h后，将所得粉末550℃焙烧5h(升温速率为1℃/min)，即得产物SBA-15。

（2）Co_3O_4/SBA-15催化剂制备。称取一定量的硝酸钴，溶于10mL无水乙醇和2mL水中，加入一定量的L-赖氨酸($n_{硝酸钴}:n_{赖氨酸}=2:1$)，逐滴加入浓度为10mol/L的HNO_3，调节溶液pH为4~5。加入0.5g SBA-15，常温下搅拌至溶液蒸干。将固体样品研磨后，500℃保温5h(升温速率为1℃/min)，得到xCo_3O_4/SBA-15(质量分数 $x=12\%$，18%，24%，30%，36%，42%，48%)。

5.1.2.2 原位水热法制备 Co_3O_4/SBA-15 催化剂

原位水热法制备 Co_3O_4/SBA-15 催化剂方法如下：

（1）SBA-15制备。在搅拌条件下，将2g P123溶解于15mL去离子水和60mL 2mol/L HCl溶液中。待完全溶解后，将4.25g TEOS滴加到上述溶液中，于40℃搅拌24h。然后将混合物转移至容积为100mL的自压反应釜中，于100℃恒温处理48h，经过滤、去离子水和乙醇洗涤并在100℃干燥12h后，将所得粉末550℃焙烧5h(升温速率为1℃/min)，即得产物SBA-15。

（2）Co_3O_4/SBA-15催化剂制备。称取2g P123、一定量的硝酸钴和柠檬酸($n_{硝酸钴}:n_{柠檬酸}=1:2$)，置于烧杯中，加入15mL H_2O 和60mL 2mol/L HCl，搅拌至完全溶解，逐滴加入4.57mL TEOS，然后转移至自压釜，并于90℃水热处理48h。自然冷却至室温后，经抽滤、干燥和研磨，500℃保温5h(升温速率为1℃/min)，制得 xCo_3O_4/SBA-15(质量分数 $x=10\%$，20%，30%，40%，50%)。

5.2 催化活性评价

对于CO催化氧化反应，采用U型石英固定床微型反应器(直径为4mm)评价催化剂的活性。当反应温度较低时，将U型反应器置于无水乙醇溶液中，用液氮调节体系温度。催化剂用量为0.1g，颗粒度为0.38~0.25mm(40~60目)。反应气组成为 1% CO 和 99% 空气（体积分数），CO/O_2 摩尔比为 1/20，SV 为 10000mL/(g·h)。为避免 CO 氧化过程中可能产生的热点现象，采用石英砂稀释催化剂颗粒(催化剂颗粒与石英砂质量比为 1:5)。反应器出口气体用气相色谱仪(岛津 GC-14C)进行分析，采用 13X 填充柱分离 CO、O_2 和 N_2 等组分，TCD 电流为 140mA，柱温、汽化室温度和检测器温度分别为 70℃、70℃和 90℃。

5.3 晶相组成和表面形貌

5.3.1 纳米 Co_3O_4 催化剂晶相组成和表面形貌

5.3.1.1 多元醇法制得 Co_3O_4 催化剂的晶相组成和表面形貌

图 5-1 为所制备 Co_3O_4 催化剂的 XRD 谱图。与 Co_3O_4 的标准谱图(JCPDS No.74-1657)对照可知，采用多元醇法制得的样品具有面心立方结构，主要衍射峰对应为 Co_3O_4 的(111)、(220)、(311)、(400)、(511)和(440)晶面。

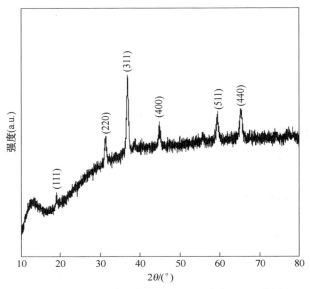

图 5-1　由多元醇法制得 Co_3O_4 的广角 XRD 谱图

从图 5-2 可知，所得 Co_3O_4 样品由纳米粒子堆积而成，粒子直径约为 15～40nm，粒子多呈四边形和六边形。其 SAED 衍射图案呈相间的环状，说明 Co_3O_4 为多晶结构，且结晶度良好。

5.3.1.2 液相沉积法制得 Co_3O_4 催化剂的晶相组成和表面形貌

图 5-3 为所制得 Co_3O_4 催化剂的 XRD 谱图。与 Co_3O_4 标准谱图(JCPDS No.74-1657)对照可知，采用液相沉积法制得的 Co_3O_4 样品具有面心立方结构，

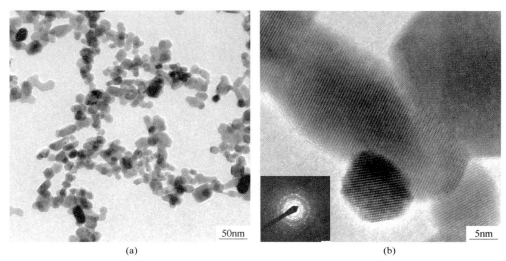

图 5-2 由多元醇法制得 Co_3O_4 的 TEM 照片和 SAED 图案（内置图）

各主要衍射峰对应于 Co_3O_4 的(111)、(220)、(311)、(400)、(511)和(440)晶面。

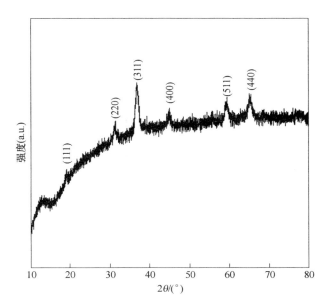

图 5-3 由液相沉积法制得 Co_3O_4 的 XRD 谱图

从图 5-4 可知，所得 Co_3O_4 样品是由无规则形貌的纳米粒子堆积而成，粒子直径约为 10~25nm。SAED 衍射图案呈相间的环状，说明 Co_3O_4 具有多晶结构，且结晶度良好。

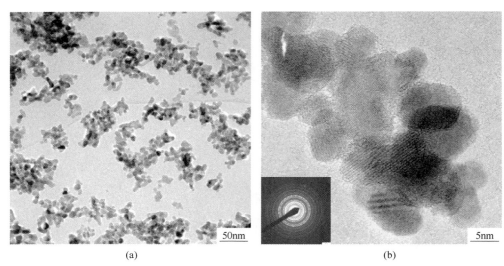

图 5-4　由液相沉积法制得 Co_3O_4 的 TEM 照片和 SAED 图案（内置图）

5.3.2　SBA-15 晶相组成

从图 5-5 可知，所得 SBA-15 样品具有高度有序的二维六方介孔结构，孔径为 5~7nm，孔壁厚度为 6~10nm。

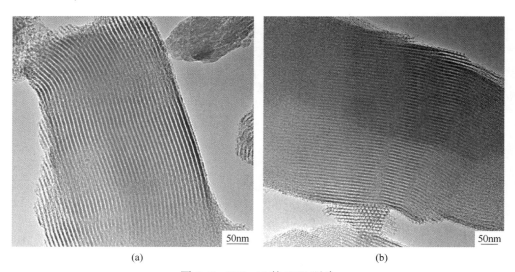

图 5-5　SBA-15 的 TEM 照片

从 SBA-15 的小角 XRD 谱图（图 5-6）可知，在 $2\theta=0.88°$、$1.5°$ 和 $1.8°$ 处出现三个明显的衍射峰，分别对应于 SiO_2 的 (100)、(110) 和 (200) 晶面，进一步表明所制得的 SBA-15 具有二维六方有序介孔结构。

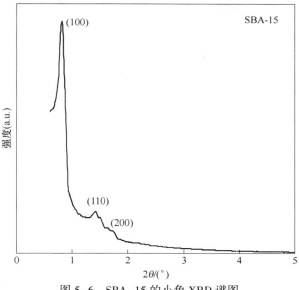

图 5-6 SBA-15 的小角 XRD 谱图

5.3.3 $Co_3O_4/SBA-15$ 纳米催化剂的晶相组成和表面形貌

5.3.3.1 浸渍法制备 $Co_3O_4/SBA-15$ 纳米催化剂的晶相组成

将 $xCo_3O_4/SBA-15$(质量分数 $x=12\%$, 18%, 24%, 30%, 42%)样品的广角 XRD 谱图(图5-7)与 Co_3O_4 的标准谱图(JCPDS No.74-1657)对照可知，$xCo_3O_4/$

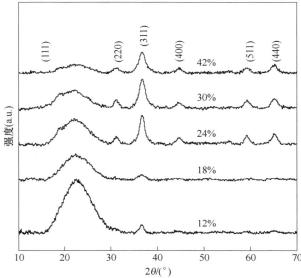

图 5-7 不同负载量 $xCo_3O_4/SBA-15$ 催化剂的广角 XRD 谱图

SBA-15 样品中 Co_3O_4 具有面心立方结构，主要衍射峰对应于 Co_3O_4 的(111)、(220)、(311)、(400)、(511)和(440)晶面。从小角 XRD 谱图(图 5-8)可见，负载 Co_3O_4 以后，与 SBA-15 相比，在 $2\theta=0.88°$、$1.5°$和$1.8°$处衍射峰强度随着负载量的增大而逐渐减弱，表明 Co_3O_4 纳米粒子堵塞了 SBA-15 的有序介孔孔道。通过谢乐方程，计算出的 Co_3O_4/SBA-15 样品中 Co_3O_4 的晶粒尺寸为 3.5~6.0nm。鉴于所得 SBA-15 的介孔孔径为 5~7nm，可以推断出部分 Co_3O_4 纳米粒子确实进入了 SBA-15 的介孔孔道中。

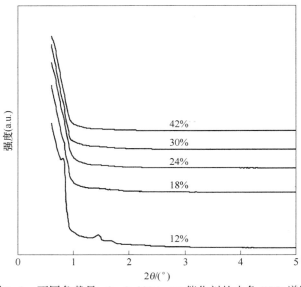

图 5-8 不同负载量 $x$$Co_3O_4$/SBA-15 催化剂的小角 XRD 谱图

由图 5-9 可知，Co_3O_4/SBA-15 样品具有有序介孔孔道，即在浸渍-灼烧过

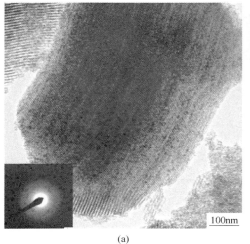

(a)

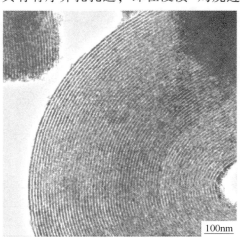

(b)

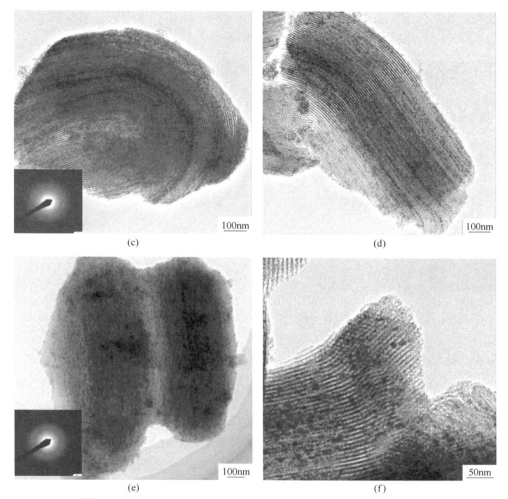

图 5-9 18% Co_3O_4/SBA-15(a, b)、30% Co_3O_4/SBA-15(c, d) 和
42% Co_3O_4/SBA-15(e, f) 催化剂的 TEM 照片和 SAED 图案（内置图）

程中没有导致 SBA-15 有序介孔孔道的垮塌。许多晶态 Co_3O_4 纳米粒子(<5nm)均匀镶嵌在 SBA-15 介孔孔道中。SAED 图案中没有明显的亮点，表明 Co_3O_4 纳米粒子高度分散，但微弱圆环的存在表明样品中存在少量 Co_3O_4，并且随着负载量的增加，光环越来越明显，说明负载量的增加有利于表面 Co_3O_4 的增多，且呈多晶结构。

5.3.3.2 原位水热法制备 Co_3O_4/SBA-15 催化剂的晶相组成

从 TEM 照片（图 5-10）可知，质量分数 50% Co_3O_4/SBA-15 样品中部分具有有序介孔结构，部分为堆积的纳米粒子。对有序介孔结构部分做 SAED 分析，发现均为非晶结构。表明 Co_3O_4 并没有进入到 SBA-15 的孔道中去,纳米粒子部分为 Co_3O_4,部分则为蠕虫状介孔结构不规则的 SiO_2。

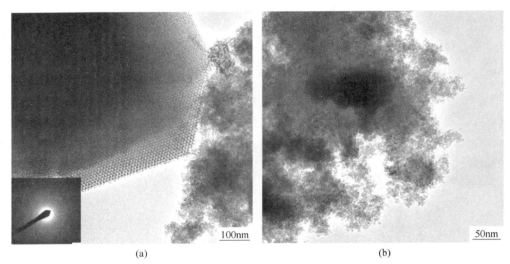

图 5-10　50% Co_3O_4/SBA-15 的 TEM 照片和 SAED 图案(内置图)

5.4　孔结构和比表面积

5.4.1　Co_3O_4 纳米催化剂的孔结构和比表面积

5.4.1.1　多元醇法制得 Co_3O_4 催化剂的孔结构和比表面积

图 5-11 列出了 Co_3O_4 样品的吸附-脱附等温线和孔径分布曲线。可以看出,该样品的等温线属于 II 型等温线,在 p/p_0 为 0.6~0.8 之间出现滞后环,说明存在部分介孔结构。孔径分布曲线显示介孔不具有有序性。该样品的比表面积为 54.4m^2/g,孔容为 0.093cm^3/g。

5.4.1.2　液相沉积法制得 Co_3O_4 催化剂的孔结构和比表面积

图 5-12 列出了 Co_3O_4 样品的吸脱附等温线和孔径分布曲线。可以看出,该样品的等温线同样属于 II 型等温线,在 p/p_0 为 0.7~0.8 之间出现滞后环,说明存在部分介孔结构,这在孔径分布曲线中也能观察到,但样品的介孔不具有有序性,孔径分布在 8~50nm 之间。该样品的比表面积为 95.4m^2/g,孔容为 0.33cm^3/g。

5.4.2　纳米 Co_3O_4/SBA-15 催化剂的孔结构和比表面积

5.4.2.1　浸渍法制备 Co_3O_4/SBA-15 催化剂的孔结构和比表面积

图 5-13 列出了 xCo_3O_4/SBA-15(质量分数 x = 18%,30%,42%)样品的吸

5.4 孔结构和比表面积

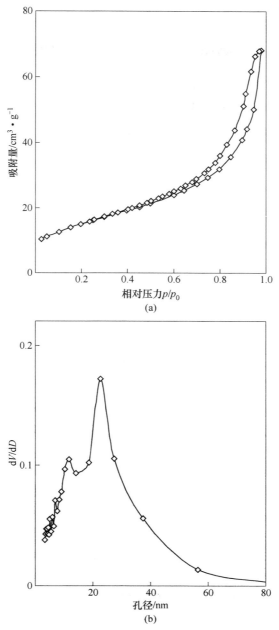

图 5-11 由多元醇法制得 Co_3O_4 催化剂的 N_2
吸附-脱附等温线(a) 和孔径分布曲线(b)

附-脱附等温线和孔径分布曲线。由图 5-13(a) 可看出，该系列样品的等温线均属于Ⅳ型等温线，在 p/p_0 为 0.5~0.8 之间出现滞后环，进一步证明样品中具有介

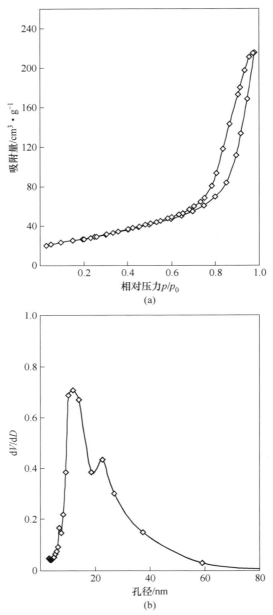

图 5-12　由液相沉积法制得 Co_3O_4 的 N_2 吸附-脱附等温线(a)和孔径分布曲线(b)

孔结构。从孔径分布曲线可知，负载 Co_3O_4 之后，样品孔径分布在 4~15nm 之间，但出现多个峰值，说明介孔材料的有序性下降。从表 5-1 看出，随着负载量的增加，样品的比表面积、孔容下降，平均孔径增大，这是由于所负载的 Co_3O_4

堵塞了 SBA-15 的部分介孔孔道以及 Co_3O_4 负载量的升高减少了催化剂中 SBA-15 的含量所致。显然，随着 Co 含量的增加，Co_3O_4/SBA-15 催化剂的有序性有所降低。这与小角 XRD 显示的相一致。

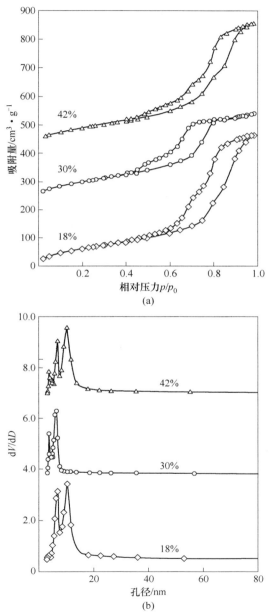

图 5-13　不同负载量 $x$$Co_3O_4$/SBA-15 催化剂的 N_2
吸附-脱附等温线(a) 和孔径分布曲线(b)

表 5-1 $x\text{Co}_3\text{O}_4/\text{SBA-15}$ 样品的孔结构参数

样品	比表面积/$m^2 \cdot g^{-1}$	平均孔径/nm	孔容/$cm^3 \cdot g^{-1}$
SBA-15	796	5.6	0.98
18% Co_3O_4/SBA-15	361	8.7	0.79
30% Co_3O_4/SBA-15	357	5.9	0.71
42% Co_3O_4/SBA-15	328	8.6	0.52

5.4.2.2 原位水热法制备 Co_3O_4/SBA-15 催化剂的孔结构和比表面积

图 5-14 给出了质量分数 50% Co_3O_4/SBA-15 样品的吸脱附等温线和孔径分布曲线。可以看出，在 p/p_0 为 0.6~0.95 之间出现一个 H_2 型滞后环，呈现Ⅳ型等温线特征，介孔孔径比较均一，平均孔径约为 7.5nm。分析认为，Co_3O_4 可能没有进入介孔孔道中，因此载体介孔结构没有发生变化，与 SEM 电镜照片显示基本一致，质量分数 50% Co_3O_4/SBA-15 样品的比表面积为 521m^2/g，孔容为 1.13cm^3/g。

5.5 催化氧化性能

5.5.1 Co_3O_4 纳米催化剂催化氧化性能

5.5.1.1 由多元醇法制得 Co_3O_4 的催化氧化性能

CO 氧化中采用的几种条件：(1) 干燥条件。将原料气进入反应管之前通过

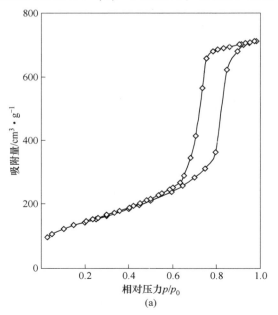

(a)

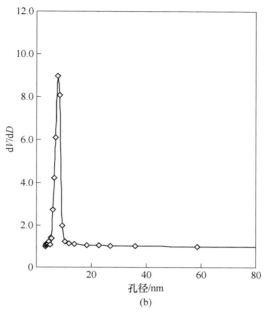

图 5-14　50% Co_3O_4/SBA-15 催化剂的 N_2 吸附-脱附等温线(a) 和孔径分布曲线(b)

5A 分子筛床层,除水。(2) 普通条件。为根据实验当天天气预报来判断,实验中北京湿度约为 50%。(3) 加湿条件。原料气进入反应管之前通过水瓶,带入水分,控制水瓶的温度为 0℃。吸附时间分别为 15min 或 90min,之后切换为干燥的原料气保持 10min,进行实验。经过计算所通入水量分别为 0.81mg 和 4.83mg。

A　室温条件下的催化 CO 氧化活性

从图 5-15 可以看到,多元醇法制备的 Co_3O_4 催化剂经过 50h 连续反应,CO 转化率均可保持在 90% 以上,但是在 60h 时 CO 转化率下降为 70% 左右。在相同条件下,工业 Pd/C 和商用 Co_3O_4 催化剂对 CO 氧化反应基本上没有活性。不过从图 5-16 可知,将商用 Co_3O_4 催化剂经 20mL/min 高纯 O_2 在 300℃ 预处理 30min,将工业 Pd/C 催化剂经 30mL/min 高纯 N_2 在 250℃ 预处理 30min 后,其催化 CO 氧化性能有所提高。在预处理过的工业 Pd/C 和商用 Co_3O_4 催化剂上的 $T_{100\%}$ 分别为 140℃ 和 110℃。

B　湿度对催化 CO 氧化活性的影响

在实际应用中,不同的场合,湿度不同。由于 H_2O 分子与 CO 分子之间存在竞争吸附,湿度对 Co_3O_4 催化剂的性能有较大影响。受环境影响,原料气中含有微量水分,采用 5A 分子筛吸附彻底除水,得到干燥条件,评价 Co_3O_4 催化剂低温催化 CO 氧化活性。此外也在反应过程中引入过量水汽,考察加湿条件下

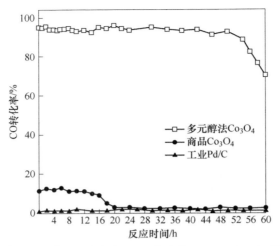

图 5-15　在 CO 浓度为 1%、空速为 10000mL/(g·h) 和
反应温度为 25℃ 的条件下，催化活性与反应时间的关系

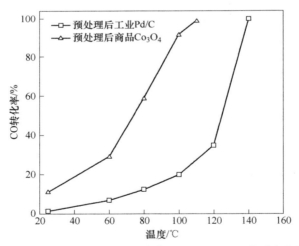

图 5-16　在 CO 浓度为 1% 和空速为 10000mL/(g·h) 的反应条件下，
预处理后工业 Pd/C 和商用 Co_3O_4 催化剂上 CO 转化率和温度的关系

Co_3O_4 催化剂的催化 CO 氧化活性。从图 5-17 可知，在干燥条件下，Co_3O_4 催化剂显示出更好的催化性能，CO 初始转化率为 95%，并且在 4h 内稳定。在通入水汽 15min 后，CO 初始转化率降至 60%。在通入水汽 90min 后，CO 初始转化率进一步下降至 50%。这也证实了湿度对 Co_3O_4 催化剂的性能有较大影响。

C　预处理对催化活性的影响

评价了未经预处理的新鲜催化剂的催化活性，如图 5-18 所示。显然，未经

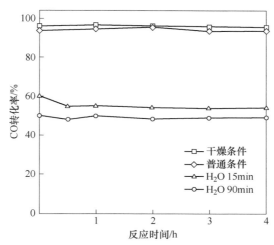

图 5-17 在 CO 浓度为 1% 和空速为 10000mL/(g·h) 的反应条件下，湿度对由多元醇法制得 Co_3O_4 催化活性与反应时间的关系

预处理的由多元醇法制得的 Co_3O_4 催化剂的初始活性较低。在 90℃ 时才能将 CO 完全转化，但是在所考察的时间范围内催化剂稳定性没有下降，均能使 CO 接近完全转化。这表明预处理对提高催化剂活性有着重要意义。

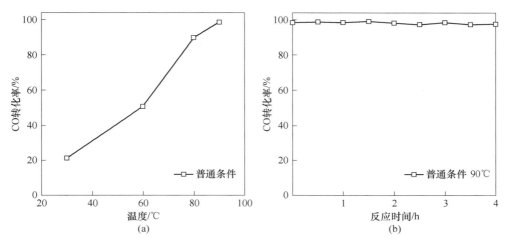

图 5-18 在 CO 浓度为 1% 和空速为 10000mL/(g·h) 的反应条件下，预处理后由多元醇法制得 Co_3O_4 催化剂上 CO 转化率和温度的关系(a) 和催化活性与反应时间的关系(b)

D 储存时间对催化活性的影响

将新鲜催化剂常温避光保存 20 天后再进行测试，结果示于图 5-19 中。从图 5-19 可知，在常温(25℃)下放置 20 天后，其活性和新鲜样品相比没有明显区

别，在常温下 CO 即可达到 95% 的转化率。

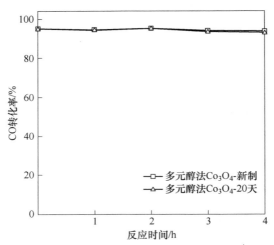

图 5-19　在 CO 浓度为 1% 和空速为 10000mL/(g·h) 的反应条件下，
储存时间对由多元醇法制得 Co_3O_4 催化活性与反应时间的关系

5.5.1.2　液相沉积法制得 Co_3O_4 催化剂的催化氧化性能

A　室温条件下的催化活性

从图 5-20 可知，常温(25℃)条件下，液相沉积法制得的 Co_3O_4 对 CO 氧化反应表现出较好的催化活性，CO 初始转化率为 90% 左右。不过，在持续反应 7.5h 后，CO 转化率下降至 70% 左右。

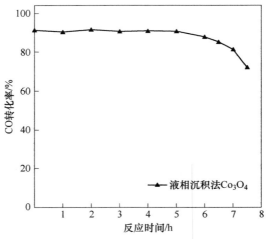

图 5-20　在 CO 浓度为 1% 和空速为 10000mL/(g·h)、温度为 25℃ 的条件下，
由液相沉积法制得的 Co_3O_4 催化活性与反应时间的关系

B 预处理对催化 CO 氧化活性的影响

我们也评价了未经预处理的新鲜催化剂的催化活性,如图 5-21 所示。从图 5-21 可知,对于未经预处理的催化剂,其初始活性较低。在 80℃下,才能将 CO 完全转化。在持续反应 4h 后,催化剂未发生失活现象,均能使 CO 接近完全转化。

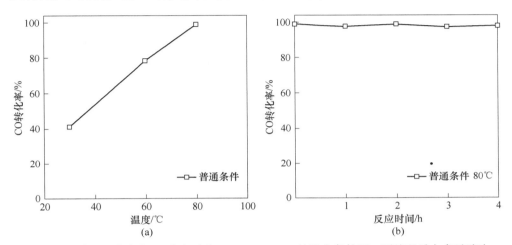

图 5-21 在 CO 浓度为 1% 和空速为 10000mL/(g·h) 的反应条件下,预处理后由多元醇法制得 Co_3O_4 催化剂上 CO 转化率和温度的关系(a) 和催化活性与反应时间的关系(b)

5.5.2 Co_3O_4/SBA-15 纳米催化剂的催化氧化性能

采用小型固定床连续流动反应装置进行 CO 氧化反应,反应管为石英玻璃管(直径 6mm),将其放置于加热炉内以便控制反应温度。催化剂用量为 0.1g,颗粒取 0.38~0.25mm(40~60 目)。空速为 10000mL/(g·h),原料气组成为 1% CO 和 99%空气(体积分数)。反应前经 20mL/min O_2 在 400℃预处理 30min,待冷却至室温后,切换至含有 CO 的气体。采用岛津 GC-14C 气相色谱在线检测反应混合气中 O_2、CO、N_2 的含量。

CO 氧化中采用的几种条件:(1) 干燥条件。将原料气进入反应管之前通过 5A 分子筛床层,除水。(2) 普通条件。根据实验当天天气预报来判断,实验中北京湿度约为 60%。(3) 加湿条件。原料气进入反应管之前通过水瓶,带入水分,控制水瓶的温度为 0℃。通入水汽 15min 后,切换为干燥的原料气保持 10min,进行实验。经过计算所引入水分为 0.81mg。

5.5.2.1 浸渍法制备 Co_3O_4/SBA-15 催化剂催化氧化性能

A 负载量对 Co_3O_4/SBA-15 催化 CO 氧化活性的影响

由图 5-22 可知,负载量 xCo_3O_4/SBA-15(质量分数 x = 18%, 24%, 30%, 36%, 42%)对催化 CO 氧化活性有较大影响。起初,随负载量的增加,Co_3O_4/

SBA-15 中活性组分逐渐增加,因此催化 CO 氧化活性逐渐提高。当负载量达到 30% 时,CO 在 30% Co_3O_4/SBA-15(质量分数) 上完全氧化所需温度为 100℃。若进一步增加 Co_3O_4 负载量,可能会导致 Co_3O_4 纳米粒子在 SBA-15 介孔孔道中发生团聚,堵塞部分孔道,反而削弱了催化剂的活性。

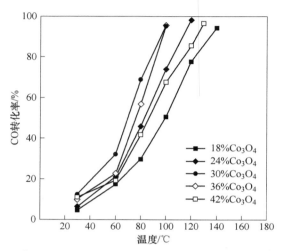

图 5-22 在 CO 浓度为 1% 和空速为 10000mL/(g·h) 的反应条件下,不同负载量 $x$$Co_3O_4$/SBA-15 催化剂上 CO 转化率和温度的关系

B 预处理对 Co_3O_4/SBA-15 催化活性的影响

从图 5-23 可知,没有经过预处理的 30% Co_3O_4/SBA-15(质量分数) 催化剂,活性较差。T_{90} 较经过预处理的 30% Co_3O_4/SBA-15(质量分数) 催化剂升高了 60℃。这一结果再次表明,适当的预处理对改善 Co_3O_4/SBA-15 催化剂的活性有重要意义。

C 湿度对 Co_3O_4/SBA-15 催化活性的影响

在实际应用中,场合不同,湿度不同。由于 H_2O 分子与 CO 分子之间存在竞争吸附,湿度对 Co_3O_4/SBA-15 催化剂的性能有较大影响。受环境影响,原料气中含有微量水分,采用 5A 分子筛吸附彻底除水,得到干燥条件,评价 Co_3O_4/SBA-15 催化剂低温催化 CO 氧化活性。此外也在反应过程中引入过量水汽,考察加湿条件下 Co_3O_4/SBA-15 催化剂催化 CO 氧化活性。

从图 5-24 可知,相比在普通条件下,30% Co_3O_4/SBA-15(质量分数) 在干燥条件下对 CO 氧化反应表现出略高的催化活性,说明微量(<0.001%)水分也会影响 Co_3O_4/SBA-15 催化剂的活性。若反应前通入水汽 15min,则 30% Co_3O_4/SBA-15(质量分数) 催化剂催化 CO 氧化活性大幅下降,T_{90} 较干燥条件下升高了 80℃。

5.5 催化氧化性能

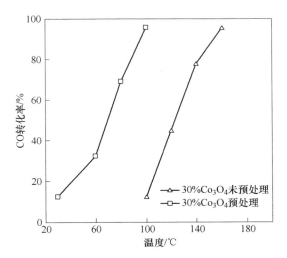

图 5-23 在 CO 浓度为 1% 和空速为 10000mL/(g·h) 的反应条件下，
预处理对 30% Co_3O_4/SBA-15 催化剂上 CO 转化率和温度关系的影响

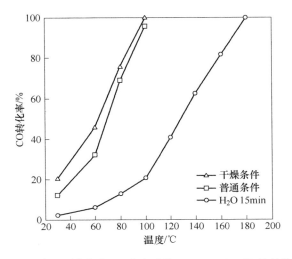

图 5-24 在 CO 浓度为 1% 和空速为 10000mL/(g·h) 的条件下，
湿度对 30% Co_3O_4/SBA-15 催化活性与反应时间关系的影响

D 储存时间对 Co_3O_4/SBA-15 催化活性的影响

我们将新鲜的催化剂常温避光保存 20 天再进行测试，结果如图 5-25 所示。可以看出，保存 20 天后的 30% Co_3O_4/SBA-15 催化剂较新鲜制备的催化剂，催化 CO 氧化活性基本没有区别，说明储存时间对于活性没有直接影响。

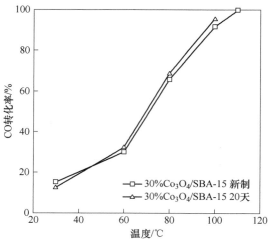

图 5-25 在 CO 浓度为 1% 和空速为 10000mL/(g·h) 的反应条件下，
储存时间对 30% Co_3O_4/SBA-15 催化活性的影响

5.5.2.2 原位水热法制备 Co_3O_4/SBA-15 催化剂的催化氧化性能

A 负载量对 Co_3O_4/SBA-15 催化 CO 氧化活性的影响

由图 5-26 可知，负载量对由原位水热法制得的 xCo_3O_4/SBA-15(质量分数 $x=$ 20%，40%，50%)催化剂催化 CO 氧化活性也有较大影响。其中，50% Co_3O_4/SBA-15 催化剂催化活性相对较高，在 160℃ 即可将 CO 完全催化氧化成 CO_2。需要指出的是，对于由原位水热法制得的 Co_3O_4/SBA-15 催化剂，Co_3O_4 实际负载量可能远低于理论负载量，所以当理论负载量为 50% 时，催化剂的活性相对较好。

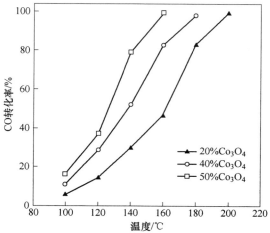

图 5-26 在 CO 浓度为 1% 和空速为 10000mL/(g·h) 的反应条件下，
不同负载量 xCo_3O_4/SBA-15 催化剂上 CO 转化率和温度的关系

B 预处理对 Co_3O_4/SBA-15 催化 CO 氧化活性的影响

从图 5-27 可知,没有经过预处理(在 O_2 气氛中于 300℃ 处理 30min) 的 50% Co_3O_4/SBA-15(质量分数) 催化剂,活性较差。$T_{90\%}$ 较经过预处理的 50% Co_3O_4/SBA-15(质量分数) 催化剂升高了 80℃。

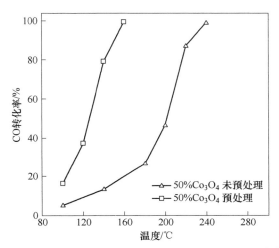

图 5-27 在 CO 浓度为 1% 和空速为 10000mL/(g·h) 的反应条件下,预处理对 50% Co_3O_4/SBA-15 催化剂上 CO 转化率和温度关系的影响

6 嵌入型和负载型铁基有序介孔催化剂的制备及其对甲苯氧化的催化性能

催化氧化法作为消除 VOCs 的有效手段之一，其关键是高性能催化剂的研发[168]。目前，负载型贵金属催化剂和非贵金属氧化物催化剂已被广泛用于 VOCs 的完全氧化。虽然过渡金属氧化物(MO_x)是一类高效的催化材料，但由于比表面积小，影响了其催化性能[169]。将 M^{n+} 嵌入或 MO_x 担载到多孔载体上，可使 M^{n+} 和 MO_x 呈高分散态。因此，将 M^{n+} 嵌入到高比表面积介孔分子筛骨架中或将 MO_x 负载到介孔载体表面上能够克服上述缺点。由于具有高比表面积、窄的孔径分布和大孔径，M41S(MCM-41、MCM-48、MCM-50 等)和 SBA-15 等介孔二氧化硅备受关注[170]。与 M41S 相比，SBA-15 具有较大的孔径、较薄的孔壁和优异的水热稳定性，使其在催化领域具有更为广阔的应用前景[171,172]。一般地，采用直接合成法（即一步合成法）[173~175]和等体积浸渍法[176~182]可分别将 M^{n+} 引入到介孔材料的骨架中和得到负载型 MO_x 催化剂。例如，作者所在课题组采用一步合成法和等体积浸渍法分别制得高比表面积和有序介孔 Cr 嵌入的 SBA-15(Cr-SBA-15) 和 SBA-15 负载的 CrO_x(CrO_x/SBA-15) 催化剂[183]。虽然 Fe-SBA-15 和 FeO_x/SBA-15 催化剂已被应用于多个催化领域，比如 1-己烯聚合[184]、硫化氢部分氧化[185]、臭氧氧化邻苯二甲酸二甲酯[178]、甲烷选择氧化[179]、费托合成[180]、N_2O 分解[181]、乙腈催化燃烧[182]、酚类污染物高级氧化[184]和滴滴涕及其衍生物的消除[185]，但其在催化消除 VOCs 方面的研究尚未发现报道。本章讨论了 Fe-SBA-15 和 FeO_x/SBA-15 的制备、表征及其对甲苯燃烧的催化性能。

6.1 催化剂制备

6.1.1 Fe-SBA-15 的制备

介孔 SBA-15 的制备参见 Zhao 等[171]报道的合成步骤。采用三嵌段共聚物 P123 辅助的水热合成法[186,187]制备具有不同 n_{Fe}/n_{Fe+Si} 摩尔比的 Fe 嵌入的 SBA-15 催化剂。其制备过程如下：4g P123 溶解于 30g 去离子水中，搅拌 4h 后，加入 70mL 0.29mol/L 盐酸并搅拌 2h，将 9g 正硅酸四乙酯(TEOS)和一定量的 $Fe(NO_3)_3 \cdot 9H_2O$ 加至上述溶液中(摩尔比 TEOS：Fe_2O_3：P123：HCl：H_2O = 1：0.0051~0.0376：0.016：0.47：129)，在 40℃搅拌 24h，然后分 2 份转入 2 个内衬容

积为100mL自压反应釜(填充量约为55%),100℃恒温处理48h。得到的产物经过滤、去离子水洗涤并于120℃干燥12h,置于马弗炉中,550℃恒温5h(升温速率为1℃/min)。所得样品简写为xFe-SBA-15(理论摩尔比$x = n_{Fe}/n_{Fe+Si}$ = 1.5%~5.5%)。

6.1.2 FeO$_x$/SBA-15 的制备

采用等体积浸渍法制备不同负载量 yFeO$_x$/SBA-15 催化剂。将 SBA-15 浸渍到一定量的 Fe(NO$_3$)$_3$·9H$_2$O 溶液中,所得前驱物于 110℃ 干燥 12h,在 30mL/min O$_2$ 气氛中 550℃ 灼烧 2h(升温速率为 1℃/min)。所得样品简写为 yFeO$_x$/SBA-15(理论摩尔比 $y = n_{Fe}/n_{Fe+Si}$ = 1.0%~4.0%)。相关的数据可从 X 射线荧光光谱分析(XRF)结果计算得到,见表 6-1。

表 6-1 xFe-SBA-15 和 yFeO$_x$/SBA-15 样品的物理性质

xFe-SBA-15 或 yFeO$_x$/SBA-15①	n_{Fe}/n_{Si+Fe} /%	比表面积 /m^2·g^{-1}	n_{Fe}/n_{Si}②	平均孔径 /nm	孔容 /cm^3·g^{-1}
SBA-15	—	796	—	5.6	0.98
Fe-SBA-15	1.5	1128	0.00264	5.7	1.60
Fe-SBA-15	2.0	1006	0.00914	5.6	1.41
Fe-SBA-15	2.5	999	0.01458	5.6	1.39
Fe-SBA-15	5.5	926	0.04049	5.7	1.31
FeO$_x$/SBA-15	1.0	745	0.01068	5.7	0.95
FeO$_x$/SBA-15	1.5	720	0.01458	5.6	0.92
FeO$_x$/SBA-15	2.0	670	0.01773	5.3	0.85
FeO$_x$/SBA-15	4.0	616	0.01292	5.4	0.80

①计量组成:$y = n_{Fe}/n_{Si+Fe}$。
②数据由 XRF 光谱获得。

6.2 催化剂性能评价

在常压下,采用连续流动固定床石英微型反应器(直径为4mm)评价催化剂对甲苯燃烧的催化活性。为避免可能产生的热点现象,采用同样目数的 1.0g 石英砂稀释 0.1g 催化剂 0.38~0.25mm(40~60 目)。反应混合气(0.1%甲苯+氧气+氮气(平衡气))的总流速为 33.3mL/min,甲苯/O$_2$ 摩尔比为 1/200,空速为 20000mL/(g·h)。甲苯浓度由氮气通过甲苯的饱和蒸气发生器(本工作采用冰水浴)调节。反应物和产物采用岛津气相色谱仪(GC-2010)进行分析。其分析条件为:以 He 为载气,使用火焰离子检测器(FID)和热导检测器(TCD),以 Carboxen 1000 填充柱(3m)分离永久性气体,以 Stabilwax@ -DA column 毛细管柱(30m 长)分离有机物。

6.3 晶相组成

图 6-1 示出了 xFe-SBA-15(理论摩尔比 x = 1.5%, 2.0%, 2.5%, 5.5%) 和 yFeO$_x$/SBA-15(理论摩尔比 y = 1.0%, 1.5%, 2.0%, 4.0%) 催化剂的小角度和广角度 XRD 谱图。从小角度 XRD 谱图(图 6-1)可看到,所有样品均在 2θ = 0.8°、1.6° 和 1.8° 处出现三个明显的衍射峰,分别对应于(100)、(110) 和(200) 晶面,这说明当 Fe 物种嵌入到 SBA-15 的骨架中或负载到 SBA-15 表面上后,SBA-15 典型的二维六方有序介孔结构仍然保留着[171]。随着 Fe 嵌入量或负载量的增加,xFe-SBA-15 和 yFeO$_x$/SBA-15 样品的小角度 XRD 衍射峰强度有所减弱,表明 Fe 物种在嵌入分子筛骨架或负载到载体表面后,由于部分 Fe 物种堵塞介孔孔道,导致介孔结构的有序度下降。从广角度 XRD 谱图(图 6-1 的内置图)可知,所有 xFe-SBA-15 和 yFeO$_x$/SBA-15 样品均在 2θ = 23° 处出现了宽的衍射峰,可归属为无定形 SBA-15 分子筛骨架结构。也就是说,FeO$_x$ 物种以高分散状态嵌入到分子筛骨架中或存在于介孔分子筛表面。

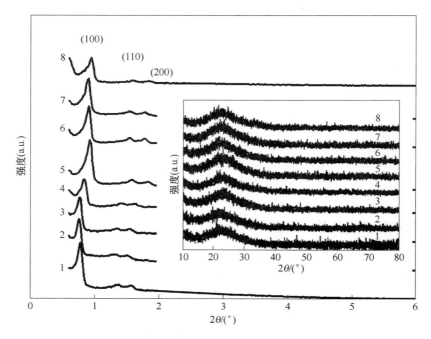

图 6-1 xFe-SBA-15 和 yFeO$_x$/SBA-15 催化剂的小角度和广角度(内置图)XRD 谱图
1—1.5% Fe-SBA-15 样品; 2—2.0% Fe-SBA-15 样品; 3—2.5% Fe-SBA-15 样品;
4—5.5% Fe-SBA-15 样品; 5—1.0% FeO$_x$/SBA-15 样品; 6—1.5% FeO$_x$/SBA-15 样品;
7—2.0% FeO$_x$/SBA-15 样品; 8—4.0% FeO$_x$/SBA-15 样品

6.4 表面形貌、孔结构和比表面积

图 6-2 给出了 xFe-SBA-15 和 yFeO$_x$/SBA-15 样品的 SEM 和 TEM 照片。由图 6-2 可观察到，Fe 负载量为 2.0%（摩尔分数）的 xFe-SBA-15 样品具有长链状微观结构，长度为 2~10μm，直径为 0.5~1μm（图 6-2(a)），且孔结构高度规则有序，孔径为 4~6nm，壁厚为 6~10nm（图 6-2(b)）。对于 yFeO$_x$/SBA-15 样品，其表面形貌均为短棒状或链条状粒子，长度约为 2~6μm，直径为 0.5~1.5μm（图 6-2(c)）。分析认为，SBA-15 形貌的变化可能与在高 Fe 含量条件下 Fe 与二氧化硅存在较强的相互作用有关。其形成机理有待进一步研究。在所得 xFe-SBA-15 和 yFeO$_x$/SBA-15 催化剂上未观察到 Fe$_2$O$_3$ 晶体的聚集，表明 Fe 物种以高分散态嵌入到 SBA-15 介孔骨架中或分散在 SBA-15 表面。

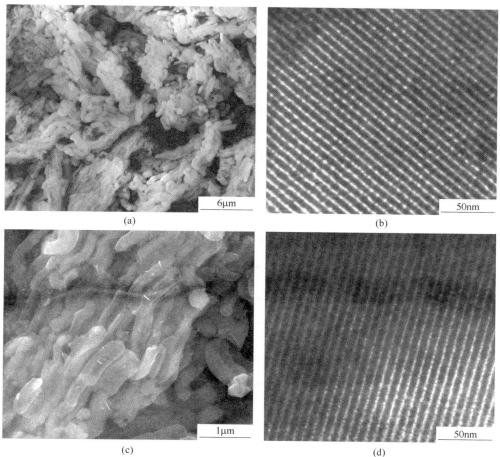

图 6-2　2.0% 的 xFe-SBA-15(a, b) 以及 4.0% 的
yFeO$_x$/SBA-15(c, d) 的 SEM(a, c) 和 TEM(b, d) 照片

从图 6-3 的内置图可知，xFe-SBA-15 和 yFeO$_x$/SBA-15 样品均具有 IV 型 N$_2$ 吸附等温线，在相对压力 p/p_0 为 0.6~0.8 范围内均显示一个 H$_1$ 型滞后环，均显示出窄孔径分布。这一特性说明 xFe-SBA-15 和 yFeO$_x$/SBA-15 具有二维六方结构的有序介孔[172,173]。由图 6-3 和表 6-1 中数据可知，SBA-15 样品具有高比表面积 796m^2/g、大孔径 5.6nm 和适中的孔容 0.98cm^3/g。对于 xFe-SBA-15，随着嵌入到 SBA-15 骨架中的 Fe 离子量的增加，比表面积和孔容随之增加，而平均孔径几乎不变。对于 yFeO$_x$/SBA-15 样品，尽管平均孔径有微小的变化，但比表面积和孔容较 SBA-15 均明显下降，这是由于所负载的 FeO$_x$ 堵塞了 SBA-15 的部分孔道所致[188]以及负载量的升高减少了催化剂中 SBA-15 的比例所致。此外，由 n_{Si}/n_{Fe} 和 n_{Fe}/n_{Si+Fe} 的数值（表 6-1）可知，在 xFe-SBA-15 中，嵌入到 SBA-15 骨架中的 Fe 物种量是有限的。

6.5 表面物种

图 6-4 示出了 xFe-SBA-15 和 yFeO$_x$/SBA-15 样品的 Fe 2p$_{3/2}$ XPS 谱图。随着 Fe 嵌入量或者负载量的增加，Fe 2p$_{3/2}$ XPS 的信号强度随之增强。根据文献报道[189~192]，将 Fe 2p$_{3/2}$ 不对称峰中结合能位于 710.1~710.2eV 和 711.9eV 的峰分别归属为 Fe^{2+} 和 Fe^{3+} 物种。显然，在 xFe-SBA-15 和 yFeO$_x$/SBA-15 催化剂表面均存在 Fe^{2+} 和 Fe^{3+} 物种。由表 6-2 中数据可知，催化剂表面 Fe^{2+} 含量小于 Fe^{3+} 含

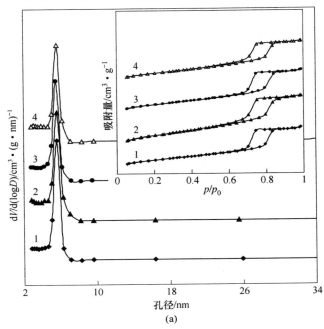

(a)

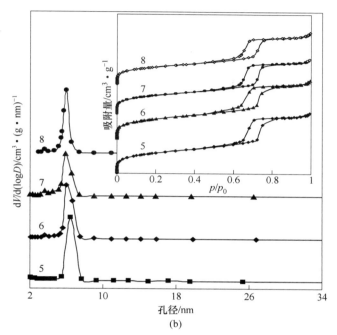

图 6-3 xFe-SBA-15(a) 和 yFeO$_x$/SBA-15(b) 催化剂
的孔径分布曲线和 N_2 吸附-脱附等温线 (内置图)

1—1.5%Fe-SBA-15 样品; 2—2.0%Fe-SBA-15 样品; 3—2.5%Fe-SBA-15 样品;
4—5.5%Fe-SBA-15 样品; 5—1.0%FeO$_x$/SBA-15 样品; 6—1.5%FeO$_x$/SBA-15 样品;
7—2.0%FeO$_x$/SBA-15 样品; 8—4.0%FeO$_x$/SBA-15 样品

量,yFeO$_x$/SBA-15 样品的表面 Fe^{2+}/Fe^{3+} 摩尔比(0.2551~0.2817)小于 xFe-SBA-15 样品的(0.2193~0.2238)。

表 6-2 催化剂表面 Fe^{2+}/Fe^{3+} 摩尔比和催化活性

催化剂	Fe^{2+}/Fe^{3+}摩尔比	$T_{10\%}$/℃	$T_{50\%}$/℃	$T_{90\%}$/℃
1.5%Fe-SBA-15	0.2817	312	381	—
2.0%Fe-SBA-15	0.2667	299	370	—
2.5%Fe-SBA-15	0.2445	291	362	—
5.5%Fe-SBA-15	0.2551	238	313	365
1.0%FeO$_x$/SBA-15	0.2222	318	392	—
1.5%FeO$_x$/SBA-15	0.2193	299	377	—
2.0%FeO$_x$/SBA-15	0.2237	289	367	—
4.0%FeO$_x$/SBA-15	0.2238	274	350	—

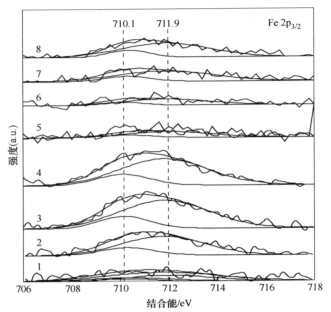

图 6-4　xFe-SBA-15 和 yFeO$_x$/SBA-15 催化剂的 Fe 2p$_{3/2}$ XPS 谱图
1—1.5%Fe-SBA-15 样品；2—2.0%Fe-SBA-15 样品；3—2.5%Fe-SBA-15 样品；
4—5.5%Fe-SBA-15 样品；5—1.0%FeO$_x$/SBA-15 样品；6—1.5%FeO$_x$/SBA-15 样品；
7—2.0%FeO$_x$/SBA-15 样品；8—4.0%FeO$_x$/SBA-15 样品

图 6-5 给出了 xFe-SBA-15 和 yFeO$_x$/SBA-15 的 UV-vis 谱图。对于 SBA-15，只在波长为 220nm 处出现微弱的吸收峰，为 SBA-15 骨架的紫外吸收电荷转移所致。对于 xFe-SBA-15 和 yFeO$_x$/SBA-15，在 210～250nm 处出现了强吸收峰，且随着 Fe 嵌入量或者负载量的增加，吸收峰强度增加，表明隔离的 Fe 物种存在于介孔 SBA-15 骨架中或 SBA-15 表面上[177]，这是因隔离四配位 Fe^{3+} 的配体与金属之间电荷转移所致，这一特征峰可归属为在 [FeO$_4$] 中 Fe^{3+} 的 t1→t2 和 t1→e 电荷转移[173,175,179,181]。对于 xFe-SBA-15 样品，在 385nm 附近出现了一个弱吸收峰，表明由 Fe 物种通过聚合形成较小的氧化铁簇存在于 SBA-15 表面[177,193,194]。对于 xFe-SBA-15 和 yFeO$_x$/SBA-15 样品，分别在 525nm 和 542nm 附近出现了较弱吸收峰，说明极少量的 Fe$_2$O$_3$ 晶粒存在于催化剂表面。

6.6　还原性能

催化剂的还原性对于揭示氧化还原反应机理极为重要。图 6-6 所示为 xFe-SBA-15 和 yFeO$_x$/SBA-15 样品的 H$_2$-TPR 曲线。在相同操作条件下，SBA-15 载体并未出现还原峰。xFe-SBA-15 和 yFeO$_x$/SBA-15 样品的还原行为与低负载量的 FeO$_x$/SiO$_2$ 样品的基本一致[195]。在低于 750℃ 的温度范围内，检测到多个还原

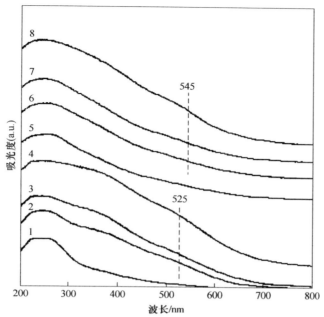

图6-5 xFe-SBA-15 和 yFeO$_x$/SBA-15 催化剂的 UV-Vis 谱图

1—1.5%Fe-SBA-15 样品；2—2.0%Fe-SBA-15 样品；3—2.5%Fe-SBA-15 样品；
4—5.5%Fe-SBA-15 样品；5—1.0%FeO$_x$/SBA-15 样品；6—1.5%FeO$_x$/SBA-15 样品；
7—2.0%FeO$_x$/SBA-15 样品；8—4.0%FeO$_x$/SBA-15 样品

峰，可归属为处于不同配位环境的 Fe^{3+} 还原为 Fe^{2+}，而高于 750℃ 的还原峰则可认为是 Fe^{2+} 还原为 Fe^{0}[179]。这一结果表明，在所制备的 xFe-SBA-15 和 yFeO$_x$/SBA-15 样品中，Fe 主要以 Fe^{3+} 和 Fe^{2+} 形式存在。有文献报道称[195~198]，当氧化铁负载到介孔分子筛上或嵌入骨架或晶格中时，呈高分散态的 Fe 物种的还原需要更高的温度。从 TPR 曲线可以观察到，yFeO$_x$/SBA-15 的初始还原温度(326~341℃)低于 xFe-SBA-15 的还原温度(349~373℃)，表明 Fe 物种在 yFeO$_x$/SBA-15 催化剂上的分散度低于在 xFe-SBA-15 催化剂上的。对于 xFe-SBA-15，随着 Fe 嵌入量或者负载量的升高，初始还原峰的温度由 373~389℃ 降至 349~357℃，表明 Fe 物种的分散度呈下降趋势，在 yFeO$_x$/SBA-15 上也观察到同样的现象。一般地，催化剂的低温还原性也可用初始氢气消耗速率（第一个还原峰所对应的氢气消耗量的 25% 之前区域，以保证在此还原温度范围内无相变发生）来衡量[199,200]。图 6-7 为 xFe-SBA-15 和 yFeO$_x$/SBA-15 样品的初始氢气消耗速率和温度倒数的关系图。由图 6-7 可看出，对于 xFe-SBA-15，初始氢气消耗速率随 Fe 嵌入量或者负载量的升高而增加，当 Fe 负载量为 5.5% 时达到最大值。对于 yFeO$_x$/SBA-15，初始氢气消耗速率随 Fe 表面密度升高而增加，当 Fe 嵌入量为

4.0%时达到最大值。活性评价结果表明，xFe-SBA-15 和 yFeO$_x$/SBA-15 样品的低温还原性的变化趋势与其催化活性的变化趋势基本一致。

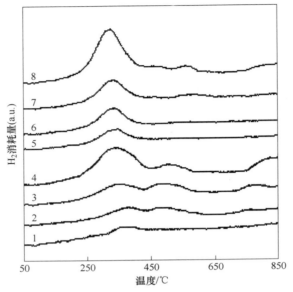

图 6-6　xFe-SBA-15 和 yFeO$_x$/SBA-15 催化剂的 H$_2$-TPR 图

1—1.5%Fe-SBA-15 样品；2—2.0%Fe-SBA-15 样品；3—2.5%Fe-SBA-15 样品；
4—5.5%Fe-SBA-15 样品；5—1.0%FeO$_x$/SBA-15 样品；6—1.5%FeO$_x$/SBA-15 样品；
7—2.0%FeO$_x$/SBA-15 样品；8—4.0%FeO$_x$/SBA-15 样品

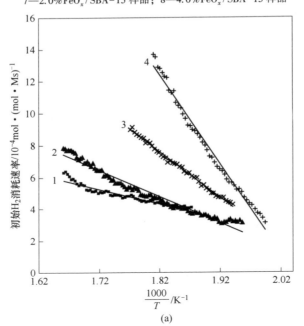

(a)

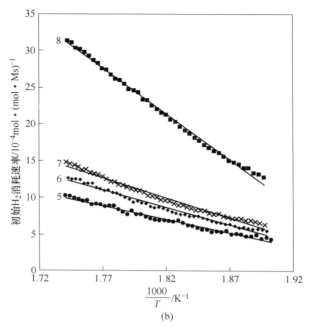

图 6-7　xFe-SBA-15(a) 和 yFeO$_x$/SBA-15(b) 催化剂的初始 H$_2$ 消耗速率图

1—1.5%Fe-SBA-15 样品；2—2.0%Fe-SBA-15 样品；3—2.5%Fe-SBA-15 样品；
4—5.5%Fe-SBA-15 样品；5—1.0%FeO$_x$/SBA-15 样品；6—1.5%FeO$_x$/SBA-15 样品；
7—2.0%FeO$_x$/SBA-15 样品；8—4.0%FeO$_x$/SBA-15 样品

6.7　催化氧化性能

图 6-8 所示为在甲苯浓度为 0.1%、甲苯/O$_2$ 摩尔比为 1/200 和空速为 20000mL/(g·h) 的反应条件下，xFe-SBA-15 和 yFeO$_x$/SBA-15 催化剂对甲苯燃烧的催化活性。由图 6-8 可看出，所得催化剂均表现出较高的催化活性，甲苯转化率随反应温度升高而增加。除了 CO$_2$ 和 H$_2$O，没有其他副产物的生成。在 xFe-SBA-15 和 yFeO$_x$/SBA-15 上，甲苯转化率随 Fe 嵌入量或者负载量升高而增加。Fe 嵌入量为 5.5% 的 xFe-SBA-15 和 Fe 负载量为 4.0% 的 yFeO$_x$/SBA-15 样品显示最好的催化活性。显然，各样品的催化活性变化趋势与初始氢气消耗速率的变化趋势相吻合。从图 6-8 和表 6-2 可知，对于具有相似 Fe 嵌入量或者负载量的 xFe-SBA-15 和 yFeO$_x$/SBA-15 样品，后者具有更好的催化性能。但当用实际的 Fe 嵌入量或者负载量时，发现相似 Fe 嵌入量和负载量的催化剂，前者具有更好的催化性能。例如，Fe 理论嵌入量为 1.5% 的活性($T_{10\%}$ = 312℃ 和 $T_{50\%}$ = 381℃，$T_{10\%}$ 和 $T_{50\%}$ 分别代表甲苯转化率达到 10% 和 50% 时所需的反应温度) 优于 Fe 理论负载量为 1.0% 的活性，两者具有相同的 Fe 表面密

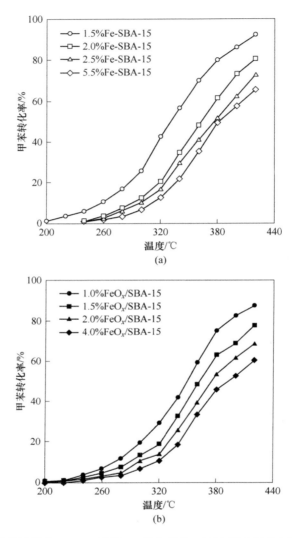

图 6-8 在甲苯浓度为 0.1%、甲苯/O_2 摩尔比为 1/200 和空速为 20000mL/(g·h)
的反应条件下,xFe-SBA-15(a) 和 yFeO$_x$/SBA-15(b) 催化剂
上甲苯转化率与反应温度的关系曲线

度,均为 0.13。这与 Fe 物种在 yFeO$_x$/SBA-15 催化剂上的分散度低于在 xFe-SBA-15 催化剂上的有关。据文献报道[202],在空速为 $7.6×10^{-3}$ mol/(g·h) 的条件下,体相 Fe_2O_3 催化剂于 400℃ 可将甲醇或甲苯完全转化为 CO_2 和 H_2O[201]。在空速为 20000mL/(g·h),VOC/O_2/He 摩尔比为 1:20:79 时,乙酸乙酯和甲苯在体相 Fe_2O_3 催化剂上转化率达 80% 时的温度分别为 309℃ 和

365℃。尽管甲苯在体相 Fe_2O_3 催化剂上完全氧化掉的反应温度与在 Fe 理论负载量为 5.5%的 xFe-SBA-15 催化剂上的相当，但是 Fe 理论负载量为 5.5%的 xFe-SBA-15 催化剂的单位摩尔 Fe 上甲苯反应速率（在 365℃时为12.55mol/(mol·h)）比体相 Fe_2O_3 催化剂的(在 365℃时为 4.03×10^{-3}mol/(mol·h)[201]和 0.57mol/(mol·h)[202])高得多。

7 三维有序大孔金属氧化物及其负载型贵金属纳米催化剂的制备、表征和催化 CO 氧化性能研究

三维有序大孔(3DOMacro)材料以其独特的结构和功能成为多孔材料领域的研究热点。与其他多孔材料相比，3DOMacro 材料不仅具有比表面积大和孔隙率高的特点，而且还具有孔径尺寸可控、孔壁组成可调变、孔道排列有序、孔道之间通透性好等特性，使其在催化及光子晶体、电极材料及吸附分离等领域具有广阔的应用前景。负载型贵金属催化剂以其较低的起燃温度和较高的催化活性，成为多相催化领域的研究热点。负载型催化剂的催化活性和载体的组成和结构密切相关，因此将 3DOMacro 金属氧化物材料和贵金属纳米粒子结合，有望得到性能更加优异的催化材料。本章首先采用胶晶模板法成功制得具有 3DOMacro 结构的 Pr_6O_{11}、Tb_4O_7 和 $La_{0.6}Sr_{0.4}CoO_3$，并且以 3DOMacro $La_{0.6}Sr_{0.4}CoO_3$ 为载体，采用 PVA 保护的 $NaBH_4$ 还原法制备了 Au/3DOMacro $La_{0.6}Sr_{0.4}CoO_3$ 和 Pd/3DOMacro $La_{0.6}Sr_{0.4}CoO_3$ 催化剂，采用等体积浸渍法制备了 Pd/3DOMacro $La_{0.6}Sr_{0.4}CoO_3$ 催化剂。利用 XRD、SEM、TEM、SAED 和 BET 等技术表征了这些催化剂的物化性质，评价其对 CO 氧化的催化活性。

7.1 催化剂制备

7.1.1 PMMA 模板剂的制备

7.1.1.1 无乳液聚合法制备单分散 PMMA 微球的步骤

无乳液聚合法制备单分散 PMMA 微球的步骤[44]如下：

(1) 使用水浴加热和磁力搅拌器搅拌，水浴温度为 70℃，搅拌速度为 300r/min。采用三口烧瓶(2000mL)作为反应容器，在其中加入 1300mL 去离子水。三口烧瓶的三口分别用于：1) 连接水冷凝管，以便有效回流反应物料，其出口连接有导管，导管通入 30%乙醇溶液中，以便密封装置并吸收逸出的甲基丙烯酸甲酯；2) 通入氮气，利用玻璃导管将氮气通到反应液面以下，氮气流速约 100mL/min；3) 反应过程中加料，需用塞子密封，操作过程中需要加料时打开，加料后立即加盖塞子。

(2) 在 70℃水浴加热、300r/min 磁力搅拌条件下，往反应容器中的去离子

水中通入氮气，通气时间为30min。

（3）加入含有质量分数0.03%对羟基苯甲酸（或对羟基苯酚）的甲基丙烯酸甲酯120mL。

（4）在70℃水浴加热、300r/min磁力搅拌条件下，往混合反应液中继续通入氮气，通气时间为15min。

（5）将0.40g过硫酸钾溶于20mL 70℃的去离子水后加入反应混合液中，再用20mL 70℃的去离子水刷洗溶解过硫酸钾的容器后加入反应混合液中。

（6）在70℃水浴加热、300r/min磁力搅拌和通入氮气条件下反应约40min。

（7）到达设定时间将合成乳液倾入3000mL冷去离子水中混合均匀。

上述合成的单分散PMMA微球的乳液可在室温下稳定存放两周以上。乳液中PMMA的质量分数约为2%。

7.1.1.2 恒温悬浮成膜法和离心法制备PMMA硬模板

A 恒温悬浮成膜法制备PMMA硬模板的步骤[203]

PMMA微球的密度略大于水，所以PMMA乳液长时间存放后会发生沉积，但在70~90℃恒温加热条件下乳液中的PMMA微球会浮于液面之上，形成三维有序密堆积薄膜，收集此薄膜作为合成3DOMacro金属氧化物的硬模板。

使用10mL烧杯制取有序密堆积PMMA微球的薄膜。由于10mL烧杯口径较小，在烧杯内的液体被加热的过程中没有明显的环流，所以形成的薄膜较为平滑，色彩鲜艳。采用恒温悬浮成膜法制备硬模板的操作如下：将制备的PMMA乳液进行离心分离除去其中的无机盐离子，在4000r/min进行离心时大约需要50min。弃上层清液，留取离心管中固体层。将固体层与去离子水混合，制成PMMA质量分数为1%~3%的乳液。超声波处理20min使PMMA微球均匀分散开。将约8mL乳液倒入10mL烧杯中。将烧杯置于80℃水浴中加热。乳液中的PMMA微球在加热条件下浮至液面并有序密堆积形成浮膜，并且随着乳液中水分的逐渐挥发浮膜的厚度也逐渐增加。乳液中水分需要加热约5h蒸干，液面上形成的浮膜也降落到烧杯底部。由于三维有序密堆积PMMA薄膜对可见光有反射作用，因此在不同的侧面可观察到不同的颜色，如图7-1所示。采用10mL烧杯进行制备，形成的薄膜在两个侧面分别显示红色和绿色。形成的薄膜厚度约0.5mm，将其倒出收集。

B 离心法制备PMMA硬模板的步骤

在1200r/min下将制备的PMMA乳液进行离心分离，12h可完成，弃掉上层清液，离心管内的固体层在室温空气条件下放置约一周，形成三维有序密堆积固块，倒出收集。

 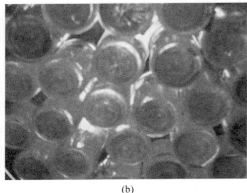

(a) (b)

图 7-1 所合成的 PMMA 微球的照片

7.1.2 3DOMacro $La_{0.6}Sr_{0.4}CoO_3$ 和 M/3DOMacro $La_{0.6}Sr_{0.4}CoO_3$ 催化剂的制备

7.1.2.1 胶晶模板法合成 3DOMacro $La_{0.6}Sr_{0.4}CoO_3$ 催化剂

在常温常压下,将L-赖氨酸溶于溶剂中,再加入硝酸镧和硝酸钴,配制前驱体溶液,用该溶液浸润PMMA硬模板,抽滤去除富余溶液,在相对湿度低于50%的室温空气下干燥后灼烧,得到3DOMacro $La_{0.6}Sr_{0.4}CoO_3$。具体操作过程如下:

(1) 称取1.00g L-赖氨酸,与4mL去离子水混合,常温常压下搅拌至充分溶解,得到透明溶液,用5mol/L HNO_3 调节溶液pH值为6~7;

(2) 称取7.79g $La(NO_3)_3 \cdot 6H_2O$、2.54g $Sr(NO_3)_2$、7.2mL质量分数为50%的 $Co(NO_3)_2$ 水溶液和5mL乙二醇加入步骤(1)溶液中,搅拌至充分溶解,此溶液为前驱体溶液;

(3) 称取3.00g PMMA硬模板,加入步骤(2)溶液中放置约5h;

(4) 待PMMA微球完全浸润后,使用布氏漏斗进行抽滤,除去富余溶液;

(5) 在相对湿度低于50%的室温空气条件下放置12h;

(6) 将样品装入磁舟置于管式炉中,先在 N_2 气氛下以1℃/min的速率从室温升至300℃并在该温度下保持3h,待降至50℃后切换成空气气氛,再以750℃保持4h(升温速率为1℃/min)。

7.1.2.2 PVA保护的 $NaBH_4$ 还原法制备 Au/3DOMacro $La_{0.6}Sr_{0.4}CoO_3$

根据参考文献[204],采用改进的还原法制备负载型金纳米催化剂步骤如下:

(1) 在室温条件下,向100mg/L $HAuCl_4$ 的水溶液中加入保护剂PVA

(Au:PVA=1.5:1mg/mg);

（2）配置 0.1mol/L 的 $NaBH_4$ 溶液，取配置好的 $NaBH_4$ 溶液快速加入步骤(1)溶液中，快速搅拌 20min；

（3）加入定量 3DOMacro $La_{0.6}Sr_{0.4}CoO_3$，充分搅拌 5h；

（4）用大量去离子水洗涤，以去除氯离子，80℃ 干燥 10h，再以 250℃ 保持 4h(升温速率为 1℃/min)。

7.1.2.3 PVA 保护的 $NaBH_4$ 还原法制备 Pd/3DOMacro $La_{0.6}Sr_{0.4}CoO_3$

根据参考文献［204］，采用改进的还原法制备负载型钯纳米催化剂步骤如下：

（1）在室温条件下，向 100mg/L H_2PdCl_4 的水溶液中加入保护剂 PVA(Pd：PVA=1.5:1mg/mg)；

（2）配置 0.1mol/L $NaBH_4$ 溶液，取配置好的 $NaBH_4$ 溶液均匀加入步骤(1)溶液中，快速搅拌 20min；

（3）加入定量 3DOMacro $La_{0.6}Sr_{0.4}CoO_3$，快速搅拌 10min 后，匀速搅拌 5h；

（4）用去离子水洗涤，80℃ 干燥 10h，再以 250℃ 保持 4h(升温速率为 1℃/min)。

7.1.2.4 等体积浸渍法制备 Pd/3DOMacro $La_{0.6}Sr_{0.4}CoO_3$

等体积浸渍法制备负载型钯纳米催化剂步骤如下：

（1）根据不同负载量所需 $Pd(NO_3)_2$ 用量，将 0.12mL $Pd(NO_3)_2$ 用去离子水定容 1mL，混合于 25mL 的小烧杯中，超声 3min；

（2）将 0.25g 3DOMacro $La_{0.6}Sr_{0.4}CoO_3$ 浸渍于步骤(1)溶液中，摇匀，超声 10s；

（3）将步骤(2)溶液静置 3h，110℃ 干燥 12h，以 500℃ 保持 3h(升温速率为 1℃/min)。

7.1.3 3DOMacro Pr_6O_{11} 的制备

7.1.3.1 以 F127 为软模板辅助的 PMMA 硬模板法制备具有介孔孔壁 3DOMacro Pr_6O_{11}

将 1.0g Pluronic F127，2.1g 柠檬酸和 4.35g $Pr(NO_3)_3 \cdot 6H_2O$ 溶于 10g 乙醇水溶液(乙醇含量 40%)，搅拌至溶解，用该溶液浸渍 2g PMMA 硬模板，待完全浸湿后，多余溶液用布氏漏斗在真空(0.07MPa)下抽滤。室温干燥 24h 后，将试样置于马弗炉中，300℃ 保持 2.5h(升温速率为 1℃/min)，再升至 550℃ 并在该温度下焙烧 5h，得到的样品记为 Pr_6O_{11}-F127。

7.1.3.2 以 L-赖氨酸为软模板，PMMA 为硬模板合成具有介孔孔壁 3DOMacro Pr_6O_{11}

将 1.46g L-赖氨酸，2.1g 柠檬酸和 4.35g $Pr(NO_3)_3 \cdot 6H_2O$ 溶于 10g 甲醇水溶

液(甲醇含量40%)，搅拌至溶解，用该溶液浸渍2g PMMA硬模板，待完全浸湿后，多余溶液用布氏漏斗在真空(0.07MPa)下抽滤。室温干燥24h后，将试样置于管式炉中，在氮气气氛中以1℃/min的速率从室温升至200℃保持3h使软模板碳化。降至室温后，将样品置于马弗炉中，在空气气氛中300℃保持2.5h(升温速率为1℃/min)，再升至600℃并在该温度下焙烧5h，得到的样品记为Pr_6O_{11}-Lysine。

7.1.4　3DOMacro Tb_4O_7 的制备

7.1.4.1　以F127为软模板辅助的PMMA硬模板法制备具有介孔孔壁3DOMacro Tb_4O_7

将1.0g Pluronic F127，2.1g柠檬酸和4.53g $Tb(NO_3)_3·6H_2O$ 溶于10g乙醇水溶液(乙醇含量40%)，搅拌至溶解，用该溶液浸渍2g PMMA硬模板，待完全浸湿后，多余溶液用布氏漏斗在真空(0.07MPa)下抽滤。室温干燥24h后，将试样置于马弗炉中，在空气气氛中300℃保持2.5h(升温速率为1℃/min)，再升至550℃并在该温度下焙烧5h，得到的样品记为Tb_4O_7-F127。

7.1.4.2　以L-赖氨酸为软模板，PMMA为硬模板合成具有介孔孔壁3DOMacro Tb_4O_7

将1.46g L-赖氨酸，2.1g柠檬酸和4.53g $Tb(NO_3)_3·6H_2O$ 溶于10g甲醇水溶液(甲醇含量40%)，搅拌至溶解，用该溶液浸渍2g PMMA硬模板，待完全浸湿后，多余溶液用布氏漏斗在真空(0.07MPa)下抽滤。室温干燥24h后，将试样置于管式炉中，在氮气气氛中以1℃/min的速率从室温升至200℃保持3h使软模板碳化。降至室温后，将样品置于马弗炉中，空气气氛中300℃保持2.5h(升温速率为1℃/min)，再升至600℃并在该温度下焙烧5h，得到的样品记为Tb_4O_7-Lysine。

7.2　催化剂性能评价

采用小型固定床连续流动反应装置进行CO氧化反应，反应管为石英玻璃管，内径为6mm，将其放置于加热炉内以便控制反应温度。催化剂用量为0.1g，颗粒取0.38~0.25mm(40~60目)。空速为10000mL/(g·h)，反应气组成为1% CO+99%空气（体积分数）。反应前经20mL/min O_2 在250℃预处理60min，待冷却至室温后，切换至含有CO的气体。采用岛津GC-14C气相色谱在线检测反应混合气中 O_2、CO、N_2 的含量。

7.3 晶相组成

7.3.1 3DOMacro $La_{0.6}Sr_{0.4}CoO_3$ 和 Au/3DOMacro $La_{0.6}Sr_{0.4}CoO_3$ 的晶相组成

如图7-2所示,将3DOMacro $La_{0.6}Sr_{0.4}CoO_3$ 和 Au/3DOMacro $La_{0.6}Sr_{0.4}CoO_3$(Au 负载量为2%,5%,8%)的广角 XRD 谱图与 $La_{0.6}Sr_{0.4}CoO_3$ 的标准谱图(JCPDSPDF:82-1152)对照后可知,该系列样品中 $La_{0.6}Sr_{0.4}CoO_3$ 具有菱方晶相钙钛矿结构,并无其他杂相的存在,表明在 750℃ 焙烧能够形成单相钙钛矿结构的 $La_{0.6}Sr_{0.4}CoO_3$。当 Au 理论负载量(质量分数)较小时,样品中未检测到归属为 Au 物种的衍射峰,表明 Au 粒子很少,且均匀分布在载体表面。随着 Au 理论负载量的增加,部分 Au 粒子可能会发生团聚,样品在 38.184°、44.392° 和 64.576° 处分别出现可以归属为 Au 物种(JCPDSPDF:04-0784)(111)、(200)和(220)晶面的衍射峰。

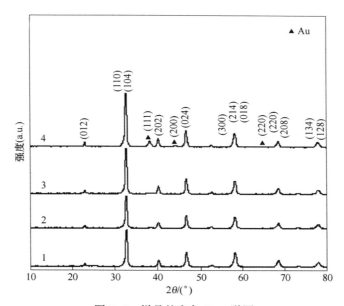

图7-2 样品的广角 XRD 谱图

1—3DOMacro $La_{0.6}Sr_{0.4}CoO_3$ 样品;2—2% Au/3DOMacro $La_{0.6}Sr_{0.4}CoO_3$ 样品;
3—5% Au/3DOMacro $La_{0.6}Sr_{0.4}CoO_3$ 样品;4—8% Au/3DOMacro $La_{0.6}Sr_{0.4}CoO_3$ 样品

7.3.2 还原法制得的 Pd/3DOMacro $La_{0.6}Sr_{0.4}CoO_3$ 的晶相组成

图7-3为 Pd/3DOMacro $La_{0.6}Sr_{0.4}CoO_3$(Pd 负载量为0.5%,1.0%,1.5%)的 XRD 谱图。跟 $La_{0.6}Sr_{0.4}CoO_3$ 的标准谱图(JCPDSPDF82-1152)对比可知,载体

3DOMacro $La_{0.6}Sr_{0.4}CoO_3$ 具有菱方晶相钙钛矿结构，并且不存在其他杂相。负载 Pd 纳米粒子后，没有检测到可归属为 Pd 物种的衍射峰，一方面是 Pd 的负载量（质量分数）较低，另一方面是部分 Pd 掺入到载体钙钛矿结构的晶格中。

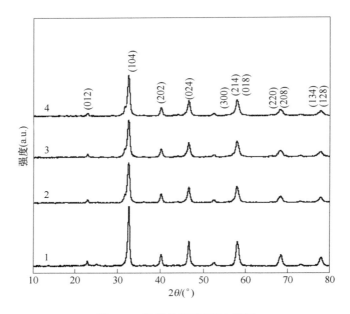

图 7-3　样品的广角 XRD 谱图

1—3DOMacro $La_{0.6}Sr_{0.4}CoO_3$ 样品；2—0.5% Pd/3DOMacro $La_{0.6}Sr_{0.4}CoO_3$ 样品；
3—1.0% Pd/3DOMacro $La_{0.6}Sr_{0.4}CoO_3$ 样品；4—1.5% Pd/3DOMacro $La_{0.6}Sr_{0.4}CoO_3$ 样品

7.3.3　等体积浸渍法制得的 Pd/3DOMacro $La_{0.6}Sr_{0.4}CoO_3$ 的晶相组成

图 7-4 为 Pd/3DOMacro $La_{0.6}Sr_{0.4}CoO_3$（Pd 负载量为 0.5%，1.0%，1.5%）的 XRD 谱图。跟 $La_{0.6}Sr_{0.4}CoO_3$ 的标准谱图（JCPDS PDF 82-1152）对比可知，载体 3DOMacro $La_{0.6}Sr_{0.4}CoO_3$ 具有菱方晶相钙钛矿结构，但有少量 $SrCO_3$ 存在。负载 Pd 纳米粒子后，没有检测到可归属为 Pd 物种的衍射峰，一方面是 Pd 的负载量（质量分数）较低，另一方面是部分 Pd 掺入到载体钙钛矿结构的晶格中。

7.4　表面形貌、孔结构和比表面积

7.4.1　PMMA 的表面形貌

本章采用无乳液聚合法合成密堆积排列的 PMMA 微球，然后采用恒温悬浮

7.4 表面形貌、孔结构和比表面积

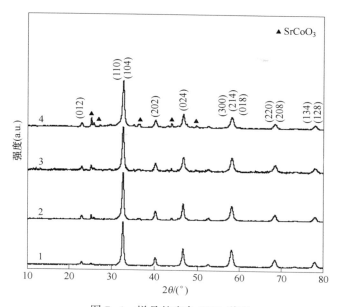

图 7-4　样品的广角 XRD 谱图

1—3DOMacro $La_{0.6}Sr_{0.4}CoO_3$ 样品；2—0.5%Pd/3DOMacro $La_{0.6}Sr_{0.4}CoO_3$ 样品；
3—1.0%Pd/3DOMacro $La_{0.6}Sr_{0.4}CoO_3$ 样品；
4—1.5%Pd/3DOMacro $La_{0.6}Sr_{0.4}CoO_3$ 样品

成膜法制备 PMMA 硬模板[203]。图 7-5 为有序密堆积 PMMA 硬模板的 SEM 照片，可以看出微球平均直径约为 300nm。

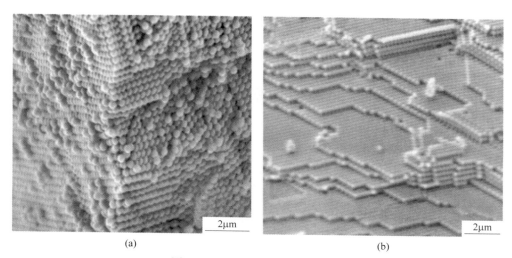

图 7-5　PMMA 微球的 SEM 照片

7.4.2 3DOMacro $La_{0.6}Sr_{0.4}CoO_3$ 和 M/3DOMacro $La_{0.6}Sr_{0.4}CoO_3$ 的表面形貌、孔结构和比表面积

7.4.2.1 3DOMacro $La_{0.6}Sr_{0.4}CoO_3$ 和 Au/3DOMacro $La_{0.6}Sr_{0.4}CoO_3$ 的表面形貌、孔结构和比表面积

如图 7-6 可知，对于 3DOMacro $La_{0.6}Sr_{0.4}CoO_3$ 和 Au/3DOMacro $La_{0.6}Sr_{0.4}CoO_3$ (Au 负载量为 2%，5%，8%)，所有样品均已形成三维有序大孔结构，孔径大小均匀，大孔孔径约为 60nm，孔壁厚度在 10~30nm 之间。与 PMMA 微球的粒径相比，所得样品的孔径有很大收缩，这是由于在焙烧过程中 PMMA 微球收缩所致。担载 Au 纳米颗粒后，虽然三维有序大孔结构遭到一定程度的破坏，但总体上仍保持较为有序的大孔结构。在搅拌过程中，Au 纳米粒子物理吸附到载体表面。可以看出焙烧后，大孔孔壁上存在有大量 Au 纳米粒子，且大小均匀、分散性良好。

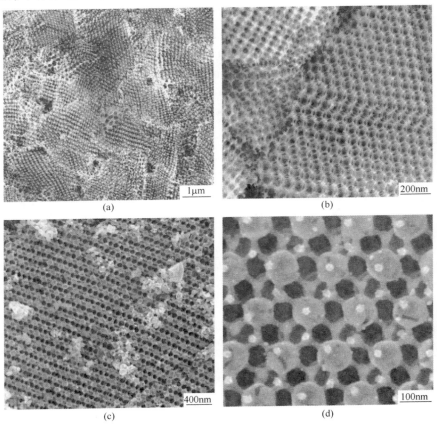

图 7-6 3DOMacro $La_{0.6}Sr_{0.4}CoO_3$(a, b) 和 5% Au/3DOMacro $La_{0.6}Sr_{0.4}CoO_3$(c, d) 的 SEM 照片

7.4 表面形貌、孔结构和比表面积

如图 7-7 可知，3DOMacro $La_{0.6}Sr_{0.4}CoO_3$ 和 Au/3DOMacro $La_{0.6}Sr_{0.4}CoO_3$（Au 负载量 2%，5%，8%) 中大孔孔径约为 80nm，这与从 SEM 照片中得到的估算值近似。此外，TEM 照片进一步证明样品具有长程有序结构，孔型规则，孔径和壁厚均匀，孔与孔之间相互连通，形成三维贯通的有序大孔结构。在 HRTEM 照片中，可以观察到清晰的衍射条纹，晶面间距约为 0.27nm 和 0.23nm，分别与 $La_{0.6}Sr_{0.4}CoO_3$(110) 和 Au(111) 的晶面间距 0.2740nm 和 0.2355nm 比较吻合。在 SAED 衍射图案中，可看到若干个明亮的电子衍射环，说明 3DOMacro $La_{0.6}Sr_{0.4}CoO_3$ 样品具有多晶结构。Au 纳米粒子均匀地分散在大孔孔壁上，粒径约为 3~9nm。

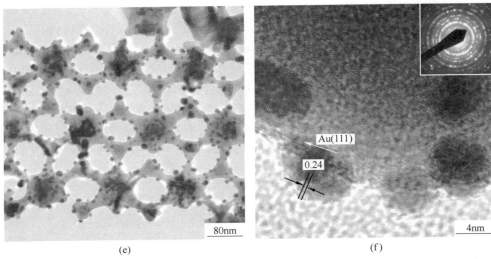

图 7-7 3DOMacro $La_{0.6}Sr_{0.4}CoO_3$(a~c) 和 5% Au/3DOMacro $La_{0.6}Sr_{0.4}CoO_3$(d~f) 的 TEM 照片

图 7-8 给出了 Au/3DOMacro $La_{0.6}Sr_{0.4}CoO_3$(Au 负载量为 2%、5%、8%) 样品的 N_2 吸附-脱附等温线和孔径分布曲线。可以看出，Au/3DOMacro $La_{0.6}Sr_{0.4}CoO_3$ 样品具有 Ⅱ 型吸附等温线。在低相对压力区间，吸附等温线几乎平直。该部分由不受限制的单层或多层吸附形成，意味着该样品具有大孔结构。在 p/p_0 为 0.2~0.8 的范围内形成一个小的 H_2 滞后环。这是由发生在介孔的毛细管凝聚形成的，表明该样品的大孔孔壁上存在介孔。在相对压力为 0.8~1.0 的范围内形成 H_3 滞后环。不过，在 p/p_0 接近 1 附近没有出现吸附平台，表明该材料具有狭缝状孔道，孔径分布延伸至大孔范畴。以上结果说明，所制备的 Au/3DOMacro $La_{0.6}Sr_{0.4}CoO_3$ 样品具有三维有序大孔结构，且大孔孔壁上可能存在部分介孔结构。从孔径分布曲线可知，该催化剂具有多级孔结构。由表 7-1 可知，Au/3DOMacro $La_{0.6}Sr_{0.4}CoO_3$ 样品的比表面积为 $31 m^2/g$ 左右。与体相 $La_{0.6}Sr_{0.4}CoO_3$ 样品相比，3DOMacro $La_{0.6}Sr_{0.4}CoO_3$ 催化剂的比表面积更大。

表 7-1 Au/3DOMacro $La_{0.6}Sr_{0.4}CoO_3$ 样品的比表面积、平均孔容以及孔径

样品	比表面积/$m^2 \cdot g^{-1}$	平均孔容/$cm^3 \cdot g^{-1}$	孔径/nm
2%Au/3DOMacro $La_{0.6}Sr_{0.4}CoO_3$	31.7	0.076	9.5
5%Au/3DOMacro $La_{0.6}Sr_{0.4}CoO_3$	30.1	0.074	10.1
8%Au/3DOMacro $La_{0.6}Sr_{0.4}CoO_3$	31.5	0.081	10.3

7.4.2.2 还原法制得 Pd/3DOMacro $La_{0.6}Sr_{0.4}CoO_3$ 的表面形貌、孔结构和比表面积

如图 7-9，由于 Pd 负载量较低，所以在 SEM 照片中观察不到 Pd 纳米粒子。

7.4 表面形貌、孔结构和比表面积

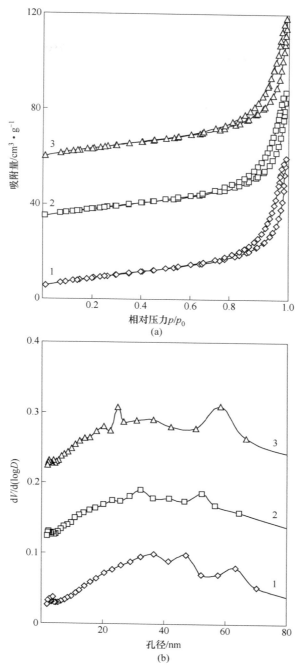

图 7-8　Au/3DOMacro $La_{0.6}Sr_{0.4}CoO_3$ 样品的氮气吸脱附等温线(a)和孔径分布曲线(b)

1—2% Au/3DOMacro $La_{0.6}Sr_{0.4}CoO_3$ 样品；2—5% Au/3DOMacro $La_{0.6}Sr_{0.4}CoO_3$ 样品；
3—8% Au/3DOMacro $La_{0.6}Sr_{0.4}CoO_3$ 样品

从 TEM 照片可知，聚合物 PVA 保护 $NaBH_4$ 还原法制备的 Pd 纳米粒子形状近似球形，多为多重孪晶颗粒(multiply twinned particles, MTPs)。Pd 纳米粒子尺寸在 2~8nm 之间，粒径分布较窄，其中粒径在 4~7nm 之间的粒子居多。随后通过物理吸附，将 Pd 纳米粒子担载至 3DOMacro $La_{0.6}Sr_{0.4}CoO_3$ 表面。虽然 Pd 纳米粒子可以均匀地负载到载体表面，但部分三维有序大孔结构遭到破坏。

7.4.2.3 等体积浸渍法制得 Pd/3DOMacro $La_{0.6}Sr_{0.4}CoO_3$ 的表面形貌、孔结构和比表面积

图 7-10 是 Pd/3DOMacro $La_{0.6}Sr_{0.4}CoO_3$(Pd 负载量为 0.5%，1.0%，1.5%)样品的 TEM 照片以及 SAED 图案。可以看出，采用等体积浸渍法，可以将 Pd 纳米粒子负载至 3DOMacro $La_{0.6}Sr_{0.4}CoO_3$，但 Pd 纳米粒子分散不均匀，尺寸较大，在 8~15nm 之间。

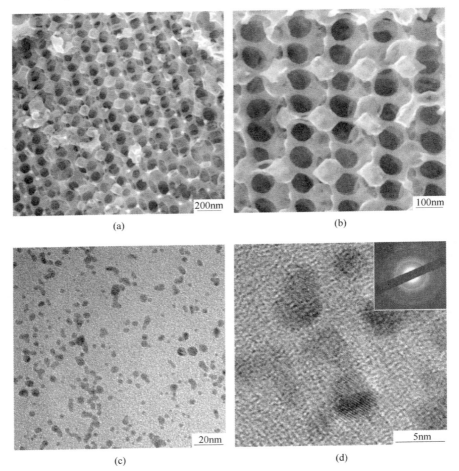

7.4 表面形貌、孔结构和比表面积

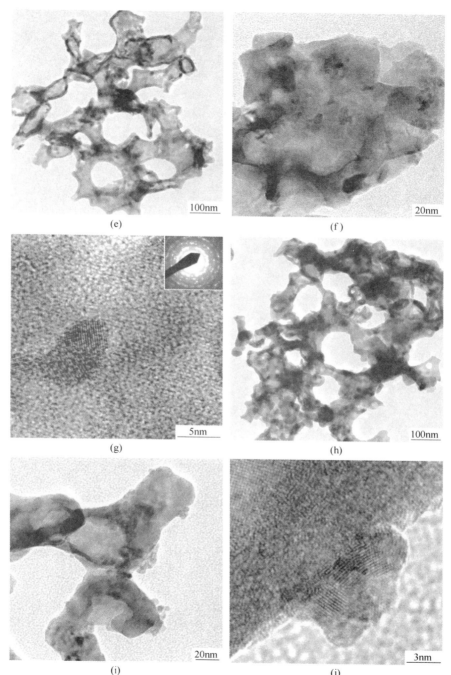

图 7-9　1.0% Pd/3DOMacro $La_{0.6}Sr_{0.4}CoO_3$(a, b) 的 SEM 照片，Pd 纳米溶胶(c, d)、1.0% Pd/3DOMacro $La_{0.6}Sr_{0.4}CoO_3$(e~g) 和 1.5% Pd/3DOMacro $La_{0.6}Sr_{0.4}CoO_3$(h~j) 的 TEM 照片

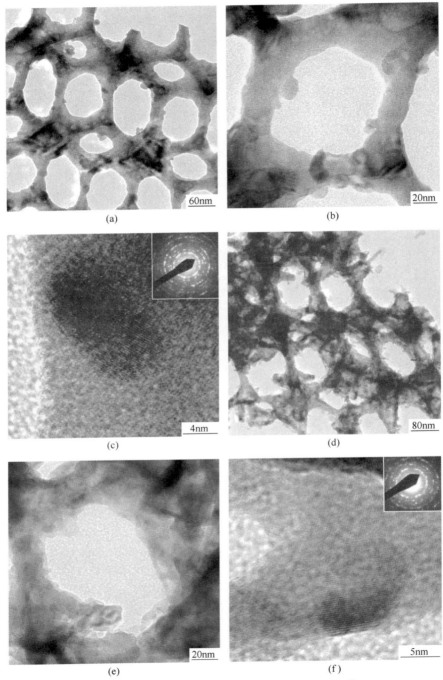

图 7-10　1.0% Pd/3DOMacro La$_{0.6}$Sr$_{0.4}$CoO$_3$(a~c) 和
1.5% Pd/3DOM La$_{0.6}$Sr$_{0.4}$CoO$_3$(d~f) 的 TEM 照片

7.4 表面形貌、孔结构和比表面积

图 7-11 给出了 Pd/3DOMacro $La_{0.6}Sr_{0.4}CoO_3$(Pd 负载量为 0.5%, 1.0%, 1.5%)的 N_2 吸附-脱附等温线和孔径分布曲线。可以看出，Pd/3DOMacro $La_{0.6}Sr_{0.4}CoO_3$ 样品具有 II 型吸附等温线。在低相对压力区间，吸附等温线几乎平直，在意味着该样品具有大孔结构。在 p/p_0 为 0.2～0.8 的范围内形成一个小的 H_2 滞后环。这是由发生在介孔的毛细管凝聚形成的，表明该样品的大孔孔壁上存在介孔。在相对压力为 0.8～1.0 的范围内形成 H_3 滞后环。不过，在 p/p_0 接近 1 附近没有出现吸附平台，表明该材料具有狭缝状孔道，孔径分布延伸至大孔范畴。以上结果说明，所制备的 Pd/3DOMacro $La_{0.6}Sr_{0.4}CoO_3$ 样品具有三维有序大孔结构，且大孔孔壁上可能存在部分介孔结构。从孔径分布曲线可知，该催化剂具有多级孔结构。由表 7-2 可知，Pd/3DOMacro $La_{0.6}Sr_{0.4}CoO_3$ 样品的比表面积为 32～35m^2/g。与体相 $La_{0.6}Sr_{0.4}CoO_3$ 样品相比，3DOMacro 催化剂的比表面积更大。

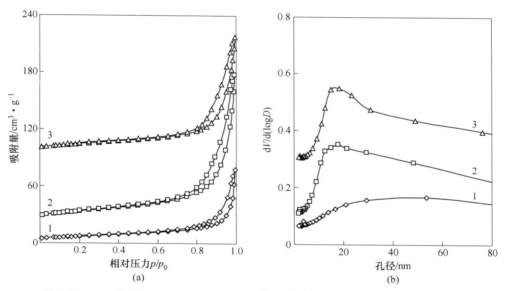

图 7-11　Pd/3DOMacro $La_{0.6}Sr_{0.4}CoO_3$ 的氮气吸脱附等温线(a)和孔径分布曲线(b)

1—0.5%Pd/3DOMacro $La_{0.6}Sr_{0.4}CoO_3$ 样品；2—1.0%Pd/3DOMacro $La_{0.6}Sr_{0.4}CoO_3$ 样品；
3—1.5%Pd/3DOMacro $La_{0.6}Sr_{0.4}CoO_3$ 样品

表 7-2　Pd/3DOMacro $La_{0.6}Sr_{0.4}CoO_3$ 样品的比表面积、平均孔容以及孔径

样　品	比表面积/$m^2·g^{-1}$	平均孔容/$cm^3·g^{-1}$	孔径/nm
0.5%Pd/3DOMacro $La_{0.6}Sr_{0.4}CoO_3$	31.9	0.18	17.0
1.0%Pd/3DOMacro $La_{0.6}Sr_{0.4}CoO_3$	35.2	0.20	17.1
1.5%Pd/3DOMacro $La_{0.6}Sr_{0.4}CoO_3$	33.6	0.19	19.1

7.4.3 3DOMacro Pr_6O_{11} 和 3DOMacro Tb_4O_7 的表面形貌、孔结构和比表面积

表 7-3 列出了不同制备条件下所获得的 3DOMacro Pr_6O_{11} 和 3DOMacro Tb_4O_7 样品的织构参数。3DOMacro Pr_6O_{11} 样品的比表面积和孔容分别为 $22.5 \sim 32.0 m^2/g$ 和 $0.16 \sim 0.30 cm^3/g$，而 3DOMacro Tb_4O_7 样品的比表面积和孔容分别为 $23.3 \sim 25.2 m^2/g$ 和 $0.14 \sim 0.27 cm^3/g$。以 F127 为表面活性剂和以乙醇为溶剂而制备的 Pr_6O_{11} 和 Tb_4O_7 样品显示出最高的比表面积和孔容，而以 L-赖氨酸为表面活性剂和以甲醇为溶剂所获得的样品具有最低的比表面积和孔容，这些差异是由于 3DOMacro 样品具有不同的介孔孔壁结构所致，说明制备条件如表面活性剂（软模板）、溶剂和焙烧条件等因素会影响目标产物的结构。

表 7-3　3DOMacro Pr_6O_{11} 和 Tb_4O_7 样品的比表面积和平均孔径

样品	BET 比表面积/$m^2 \cdot g^{-1}$			孔容/$cm^3 \cdot g^{-1}$			平均孔径/nm	
	大孔 (>50nm)	介孔 (≤50nm)	总计	大孔 (>50nm)	介孔 (≤50nm)	总计	大孔① (>50nm)	介孔 (≤50nm)
Pr_6O_{11}-F127	3.7	28.3	32.0	0.07	0.23	0.30	150	11.5
Pr_6O_{11}-Lysine	8.9	13.6	22.5	0.04	0.14	0.18	130	11.5
Tb_4O_7-F127	2.5	22.7	25.2	0.05	0.22	0.27	150	14.7
Tb_4O_7-Lysine	9.8	13.5	23.3	0.03	0.11	0.14	130	12.7

①数据由 TEM 图片测得。

7.5　催化 CO 氧化性能

7.5.1　3DOMacro $La_{0.6}Sr_{0.4}CoO_3$ 和 M/3DOMacro $La_{0.6}Sr_{0.4}CoO_3$ 的催化氧化性能

7.5.1.1　3DOMacro $La_{0.6}Sr_{0.4}CoO_3$ 和 Au/3DOMacro $La_{0.6}Sr_{0.4}CoO_3$ 的催化氧化性能

在空白实验中，在 CO 浓度为 1%（体积分数），配气为 99% 空气（体积分数），空速为 $10000 mL/(g \cdot h)$ 和反应温度不大于 400℃ 的条件下，CO 并无明显转化。也就是说，Au/3DOMacro $La_{0.6}Sr_{0.4}CoO_3$ 在 CO 氧化反应过程中起了催化作用。为便于比较催化活性，我们将 CO 转化率分别为 10%、50% 和 90% 时所需反应温度 $T_{10\%}$、$T_{50\%}$ 和 $T_{90\%}$ 列在表 7-4 中。从表 7-4 可知，CO 转化率随反应温度的升高而增大。负载 Au 纳米粒子以后，催化剂的催化活性远好于载体 3DOMacro $La_{0.6}Sr_{0.4}CoO_3$ 的。随着 Au 理论负载量的增加，催化剂活性逐渐提高。催化活性按照 8% Au/3DOMacro $La_{0.6}Sr_{0.4}CoO_3$ > 5% Au/3DOMacro $La_{0.6}Sr_{0.4}CoO_3$ > 2% Au/3DOMacro $La_{0.6}Sr_{0.4}CoO_3$ > 3DOMacro $La_{0.6}Sr_{0.4}CoO_3$（质量分数）的次序递减。在

8% Au/3DOMacro $La_{0.6}Sr_{0.4}CoO_3$(质量分数)上,$T_{90\%}$为50℃;在3DOMacro $La_{0.6}Sr_{0.4}CoO_3$上,$T_{50\%}$和$T_{90\%}$分别为130℃和160℃。

表7-4 在CO浓度为1%、空速为10000mL/(g·h)的反应条件下,所得3DOMacro $La_{0.6}Sr_{0.4}CoO_3$和Au/3DOMacro $La_{0.6}Sr_{0.4}CoO_3$上$T_{10\%}$、$T_{50\%}$和$T_{90\%}$值

催化剂	$T_{10\%}$/℃	$T_{50\%}$/℃	$T_{90\%}$/℃
3DOMacro $La_{0.6}Sr_{0.4}CoO_3$	115	130	160
2% Au/3DOMacro $La_{0.6}Sr_{0.4}CoO_3$	—	80	120
5% Au/3DOMacro $La_{0.6}Sr_{0.4}CoO_3$	—	0	60
8% Au/3DOMacro $La_{0.6}Sr_{0.4}CoO_3$	—	—	50

7.5.1.2 还原法制得Pd/3DOMacro $La_{0.6}Sr_{0.4}CoO_3$的催化氧化性能

表7-5给出了3DOMacro $La_{0.6}Sr_{0.4}CoO_3$和Pd/3DOMacro $La_{0.6}Sr_{0.4}CoO_3$催化CO氧化的活性数据。可以看出,CO转化率随反应温度的升高而增大。负载Pd纳米粒子以后,催化剂活性显著提高。催化活性按照1.0% Pd/3DOM $La_{0.6}Sr_{0.4}CoO_3$>0.5% Pd/3DOM $La_{0.6}Sr_{0.4}CoO_3$>1.5% Pd/3DOM $La_{0.6}Sr_{0.4}CoO_3$>3DOM $La_{0.6}Sr_{0.4}CoO_3$(质量分数)的次序下降。跟Au/3DOMacro $La_{0.6}Sr_{0.4}CoO_3$不同的是,过多的Pd负载量反而削弱了催化剂的活性。1.0% Pd/3DOMacro $La_{0.6}Sr_{0.4}CoO_3$(质量分数)表现出较好的催化CO氧化活性,$T_{50\%}$和$T_{90\%}$分别为85℃和120℃。

表7-5 在CO浓度为1%、空速为10000mL/(g·h)的反应条件下,所得3DOMacro $La_{0.6}Sr_{0.4}CoO_3$和Pd/3DOMacro $La_{0.6}Sr_{0.4}CoO_3$上$T_{10\%}$、$T_{50\%}$和$T_{90\%}$值

催化剂	$T_{10\%}$/℃	$T_{50\%}$/℃	$T_{90\%}$/℃
3DOMacro $La_{0.6}Sr_{0.4}CoO_3$	105	130	160
0.5% Pd/3DOMacro $La_{0.6}Sr_{0.4}CoO_3$	80	110	160
1.0% Pd/3DOMacro $La_{0.6}Sr_{0.4}CoO_3$	35	85	120
1.5% Pd/3DOMacro $La_{0.6}Sr_{0.4}CoO_3$	75	120	180

7.5.1.3 等体积浸渍法制得Pd/3DOMacro $La_{0.6}Sr_{0.4}CoO_3$的催化氧化还原性能

从表7-6可知,跟采用PVA保护的$NaBH_4$还原法制得的Pd/3DOMacro $La_{0.6}Sr_{0.4}CoO_3$催化剂相比,采用等体积浸渍法制得的Pd/3DOMacro $La_{0.6}Sr_{0.4}CoO_3$对CO氧化反应也表现出类似的规律,催化剂活性按照1.5% Pd/3DOMacro $La_{0.6}Sr_{0.4}CoO_3$ > 1.0% Pd/3DOMacro $La_{0.6}Sr_{0.4}CoO_3$ > 0.5% Pd/3DOMacro $La_{0.6}Sr_{0.4}CoO_3$>3DOMacro $La_{0.6}Sr_{0.4}CoO_3$(质量分数)的次序下降。不过,需要指出的是,制备方法对催化剂活性有重要影响。总体而言,采用PVA保护的$NaBH_4$还原法制得的Pd/3DOMacro $La_{0.6}Sr_{0.4}CoO_3$催化剂比采用等体积浸渍法制得的

Pd/3DOMacro $La_{0.6}Sr_{0.4}CoO_3$ 催化剂表现出更好的催化 CO 氧化活性，这主要跟前者更容易得到均匀分散、尺寸相对较小的 Pd 纳米颗粒有关。

表 7-6 在 CO 浓度为 1%、空速为 10000mL/(g·h) 的反应条件下，所得 3DOMacro $La_{0.6}Sr_{0.4}CoO_3$ 和 Pd/3DOMacro $La_{0.6}Sr_{0.4}CoO_3$ 上 $T_{10\%}$、$T_{50\%}$ 和 $T_{90\%}$ 值

催化剂	$T_{10\%}$/℃	$T_{50\%}$/℃	$T_{90\%}$/℃
3DOMacro $La_{0.6}Sr_{0.4}CoO_3$	105	130	160
0.5% Pd/3DOMacro $La_{0.6}Sr_{0.4}CoO_3$	65	120	160
1.0% Pd/3DOMacro $La_{0.6}Sr_{0.4}CoO_3$	55	105	160
1.5% Pd/3DOMacro $La_{0.6}Sr_{0.4}CoO_3$	45	100	160

7.5.2 3DOMacro Pr_6O_{11} 和 3DOMacro Tb_4O_7 的氧化还原性能

从表 7-7 可知，对于 3DOMacro Pr_6O_{11}，表面 Pr^{3+}/Pr^{4+} 摩尔比大小顺序为 Pr_6O_{11}-Lysine＜Pr_6O_{11}-F127。Pr_6O_{11}-F127 样品的表面氧空位量比 Pr_6O_{11}-Lysine 样品的多。对于 3DOMacro Tb_4O_7，表面 Tb^{3+}/Tb^{4+} 摩尔比遵循 Tb_4O_7-Lysine ≪ Tb_4O_7-F127 的次序。Tb_4O_7-F127 样品的表面氧空位量高于 Tb_4O_7-Lysine 样品的。各样品的氧空位密度的差异是由于其表面 Pr 或 Tb 物种氧化态(Pr^{3+}/Pr^{4+} 或 Tb^{3+}/Tb^{4+})的分布不同所致，这与制备所用表面活性剂（软模板）种类有关。氧空位的存在有利于改善 Pr_6O_{11} 和 Tb_4O_7 的还原性能。因此，Pr_6O_{11}-F127 和 Tb_4O_7-F127 将会表现出更好的还原性能。

表 7-7 3DOMacro Pr_6O_{11} 和 3DOMacro Tb_4O_7 样品的表面组成

样品	O_{ads}/O_{latt} 摩尔比	Pr^{3+}/Pr^{4+} 或 Tb^{3+}/Tb^{4+} 摩尔比
Pr_6O_{11}-F127	5.26	0.44
Pr_6O_{11}-Lysine	4.19	0.42
Tb_4O_7-F127	2.31	0.94
Tb_4O_7-Lysine	1.96	0.76

图 7-12 为 3DOMacro Pr_6O_{11} 和 3DOMacro Tb_4O_7 样品的 H_2-TPR 谱。由图 7-12 可见，每种 3DOMacro Pr_6O_{11} 样品的还原过程均可分为两步，分别位于 250～500℃ 的低温区和 500～750℃ 的高温区。在低温区，Pr_6O_{11}-F127 出现一个较尖锐的还原峰(峰值为 400℃)，而 Pr_6O_{11}-Lysine 的还原峰强度较小，峰值为 460℃，对应的低温耗 H_2 量分别为 812μmol/g 和 737μmol/g。在高温区，Pr_6O_{11}-F127 显示出一个较弱的还原峰(峰值为 545℃)，而 Pr_6O_{11}-Lysine 对应的还原峰(峰值为 640℃)较强且尖锐，对应的耗 H_2 量分别为 286μmol/g 和 685μmol/g。基于耗 H_2 量，可以认为 Pr_6O_{11} 的低温还原性能遵循 Pr_6O_{11}-Lysine＜Pr_6O_{11}-F127 的顺序。对

于 3DOMacro Tb_4O_7，还原过程也可分为两步，分别位于 260~550℃ 的低温区和 500~700℃ 的高温区。Tb_4O_7-F127 和 Tb_4O_7-Lysine 的低温耗 H_2 量分别为 1047μmol/g 和 868μmol/g，高温耗 H_2 量分别为 157μmol/g 和 296μmol/g。Tb_4O_7 低温还原性能的顺序为 Tb_4O_7-Lysine<Tb_4O_7-F127。

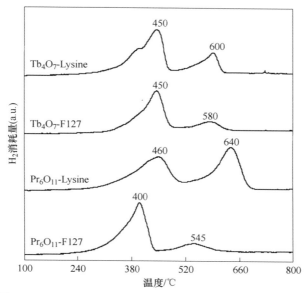

图 7-12　3DOMacro Pr_6O_{11} 和 3DOMacro Tb_4O_7 的 H_2-TPR 图

图 7-13 给出了 3DOMacro Pr_6O_{11} 和 3DOMacro Tb_4O_7 催化 CO 氧化的活性。可以看出，CO 转化率和反应速率随反应温度的升高而增大。当反应温度小于 360℃

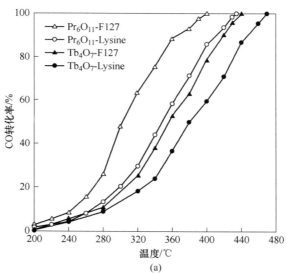

(a)

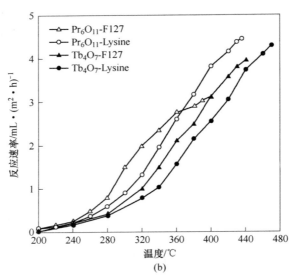

图 7-13 在 CO 浓度为 1%、空速为 10000mL/(g·h) 的反应条件下，
3DOMacro Pr_6O_{11} 和 3DOMacro Tb_4O_7 催化剂上 CO 转化率和温度的关系

时，CO 转化率和反应速率均按照 Pr_6O_{11}-Lysine<Pr_6O_{11}-F127 或 Tb_4O_7-Lysine<Tb_4O_7-F127 的顺序递增。然而当反应温度大于 360℃ 时，CO 在 Pr_6O_{11}-F127 上的反应速率反而小于在 Pr_6O_{11}-Lysine 上的。这表明除了比表面积，表面吸附氧物种浓度和低温还原性能也会影响催化剂活性。

8 结论与展望

8.1 结论

金属氧化物和复合金属氧化物的催化性能与其比表面积、缺陷结构及氧化还原能力等因素有关。本书介绍了作者紧紧围绕改进金属氧化物和复合金属氧化物的物化性质并提高对 CO 和甲苯氧化反应的催化性能来开展的研究。本书第 2 和 3 章采用水热法通过改变金属源、沉淀剂、水热温度和晶化时间制备了具有特殊形貌棒状、管状、线状 MnO_2 及其负载的 Au 纳米催化剂，一维单晶 $La(OH)_3$ 和 Fe_2O_3 纳米线/棒/管以及 $LaFeO_3$ 纳米材料。利用多种分析技术对其物化性质进行了表征，并评价了棒状、管状、线状 MnO_2 及其负载的 Au 纳米催化剂对 CO 和甲苯的催化氧化性能。第 4~7 章采用直接水热法、纳米复制法、等体积浸渍法等，采用表面活性剂辅助的硬模板(KIT-6 或 PMMA)法，制备了一系列介孔和大孔金属氧化物催化剂。利用多种分析技术对其物化性质进行了表征，并评价了对 CO 氧化反应的催化性能。所取得的主要研究结果如下：

（1）采用水热法，通过改变锰源、水热温度和晶化时间，制备了棒状、管状、线状 MnO_2 及其负载的 Au 纳米催化剂。棒状、管状、线状 MnO_2 的最优水热温度分别为 140℃、120℃、240℃，最优水热时间是 12h、12h、24h。比表面积分别为 $48.4m^2/g$、$64.3m^2/g$ 和 $114m^2/g$。在 CO 和氧气的摩尔比为 1/20 和空速为 $20000mL/(g \cdot h)$ 的反应条件下，或在甲苯浓度为 0.1%、甲苯和氧气的摩尔比为 1/400 和空速为 $20000mL/(g \cdot h)$ 的反应条件下，线状和管状 $\alpha\text{-}MnO_2$ 比棒状 $\alpha\text{-}MnO_2$ 对 CO 或甲苯氧化反应表现出较高的催化活性。Au 纳米颗粒的负载，可显著提高催化剂的性能。其中，4% Au/棒状 MnO_2（质量分数）具有最好的催化性能，这可能主要跟 Au 纳米颗粒与棒状 MnO_2 之间的强相互作用和较好的低温还原性能有关。

（2）采用直接水热法制备了一维单晶 $La(OH)_3$ 和 Fe_2O_3 纳米线/棒/管。分别以它们为模板，制备了 $LaFeO_3$ 纳米材料。$\alpha\text{-}Fe_2O_3$ 纳米棒/棒/管均为单相菱面体晶相结构，$La(OH)_3$ 样品具有单相六方相晶体结构。在以 $La(OH)_3$ 和 Fe_2O_3 纳米材料为模板合成 $LaFeO_3$ 纳米材料时，随着灼烧温度的增加，有利于钙钛矿晶相 $LaFeO_3$ 的形成。

（3）以 KIT-6 为硬模板，采用纳米复制法，制得了介孔 Co_3O_4、MnO_2 和 Cr_2O_3。采用 PVA 保护的 $NaBH_4$ 还原法制备了 meso-MO_x (M=Co, Mn, Cr) 担载

的 Au 纳米催化剂。硬模板 KIT-6 抑制了金属氧化物晶粒的长大和聚集,使得 meso-Co_3O_4 和 meso-MnO_2 仍具有较大的比表面积($139\sim161m^2/g$)。在 CO 浓度为 1%(体积分数),配气为 99% 空气(体积分数)和空速为 20000mL/(g·h)的条件下,在所得 Au/meso-MO_x 中,8% Au/meso-MO_x(质量分数)具有最高的催化 CO 氧化活性,其中,在 8% Au/meso-Co_3O_4(质量分数)上的 $T_{50\%}$ 和 $T_{90\%}$ 分别为 30℃和 60℃,其优异的催化氧化性能主要跟其具有较大的比表面积和较高的 Au 负载量,即具有更多暴露在表面的活性位有关。虽然跟 Co 系和 Mn 系催化剂相比,meso-Cr_2O_3 和 Au/meso-Cr_2O_3 催化 CO 氧化的活性非常差。但给予研究人员一个启示,在其他因素基本一致的前提下,选择合适的载体能有效提高催化剂的催化性能。

(4)采用多元醇法和液相沉积法制得 Co_3O_4 纳米催化剂。以 SBA-15 为模板,采用浸渍法和原位水热法制得 xCo_3O_4/SBA-15(质量分数 $x=10\%\sim50\%$)催化剂。多元醇法所得 Co_3O_4 比表面积为 $54.4m^2/g$,孔容为 $0.093cm^3/g$;液相沉积法所得 Co_3O_4 比表面积为 $95.4m^2/g$,孔容为 $0.333cm^3/g$。浸渍法所得 18% Co_3O_4/SBA-15 比表面积为 $360.7m^2/g$,孔容为 $0.79cm^3/g$;原位水热法制得 50% Co_3O_4/SBA-15 比表面积为 $520.8m^2/g$,孔容为 $1.13cm^3/g$。Co_3O_4 催化剂在常温(25℃)下就可以把 CO 完全氧化为 CO_2,多元醇法制得的 Co_3O_4 持续反应 50h 后活性才开始下降,即使在少量水存在的情况下,该催化剂仍能够保持 50% 的 CO 转化率,并且储存时间不对催化剂性能产生影响;液相沉积法制得 Co_3O_4 持续反应 7.5h 后活性开始下降。浸渍法制得的 Co_3O_4/SBA-15 部分 Co_3O_4 纳米粒子进入到 SBA-15 的介孔孔道中,经过预处理后,30% Co_3O_4/SBA-15 催化剂显示出最佳活性,$T_{100\%}$ 为 100℃。并且发现存在少量水的情况下,$T_{90\%}$ 向高温方向移动了 80℃,但储存时间对催化剂性能影响不大。原位水热法制得的 Co_3O_4/SBA-15 催化剂,Co_3O_4 并没有进入到 SBA-15 的介孔孔道中。经过预处理后,50% Co_3O_4/SBA-15 催化剂显示出最佳活性,$T_{100\%}$ 为 160℃。

(5)采用直接水热法制备了一系列有序介孔 xFe-SBA-15(理论摩尔比 $x=n_{Fe}/n_{Fe+Si}=1.0\%\sim5.5\%$),采用等体积浸渍法制备了有序介孔 yFeO$_x$/SBA-15(理论摩尔比 $y=n_{Fe}/n_{Fe+Si}=1.0\%\sim4.0\%$)。催化剂都具有二维六方结构的有序介孔,且表面形貌呈现了棒状或链条状。Fe 以高分散状态嵌入到分子筛骨架中或存在于介孔分子筛表面。在甲苯浓度为 0.1%、甲苯/O_2 摩尔比为 1/200 和空速为 20000mL/(g·h)的条件下,Fe 理论嵌入量为 5.5% 的 xFe-SBA-15 催化剂表现出最好的催化活性,在 420℃时可将甲苯完全氧化成 CO_2 和 H_2O。这一良好的催化活性与其较高的比表面积、较好的 Fe 物种分散度和较好的低温还原性有关。

(6)以 PMMA 微球为硬模板,以乙二醇、水和甲醇为溶剂,以赖氨酸为络合剂制备了菱方晶相钙钛矿结构的 3DOMacro $La_{0.6}Sr_{0.4}CoO_4$,采用 PVA 保护的

$NaBH_4$ 还原法制得 $M/3DOMacro\ La_{0.6}Sr_{0.4}CoO_3$(M = Au, Pd) 催化剂；以 PMMA 微球为硬模板，以 F127 为软模板辅助、以 L-赖氨酸为软模板分别制备了多孔 $3DOMacro\ Pr_6O_{11}$ 和 $3DOMacro\ Tb_4O_7$ 催化剂。$3DOMacro\ La_{0.6}Sr_{0.4}CoO_3$ 和 $Au/3DOMacro\ La_{0.6}Sr_{0.4}CoO_3$ 均具有三维有序大孔结构，孔径大小均匀，大孔孔径约为 60nm，孔壁厚度在 10~30nm 之间。$Au/3DOMacro\ La_{0.6}Sr_{0.4}CoO_3$ 对 CO 氧化反应表现出较好的催化活性，8% $Au/3DOMacro\ La_{0.6}Sr_{0.4}CoO_3$(质量分数) 催化剂在常温下即可将 CO 完全氧化。跟 $Au/3DOMacro\ La_{0.6}Sr_{0.4}CoO_3$ 不同的是，过多的 Pd 负载量反而削弱了催化剂的活性。1.0% $Pd/3DOMacro\ La_{0.6}Sr_{0.4}CoO_3$(质量分数) 表现出较好的催化 CO 氧化活性。多孔 $3DOMacro\ Pr_6O_{11}$-F127 在 400℃ 即可把 CO 完全转化，整个反应过程中，CO 转化率和反应速率随反应温度的升高而增大。当反应温度小于 360℃ 时，CO 转化率和反应速率均按照 Pr_6O_{11}-Lysine < Pr_6O_{11}-F127 或 Tb_4O_7-Lysine < Tb_4O_7-F127 的顺序递增。然而当反应温度大于 360℃ 时，CO 在 Pr_6O_{11}-F127 上的反应速率反而小于在 Pr_6O_{11}-Lysine 上的。

8.2 展望

尽管作者在规整形貌或多孔金属氧化物及其负载型贵金属催化剂的制备、表征及其对 CO 和甲苯催化氧化反应中其性能方面取得了较多的研究成果，但仍存在一些不足之处，有待下一步研究工作中改进。主要包括下面几个方面：

（1）虽然采用直接水热法、模板法合成了一系列规整形貌的金属氧化物和负载贵金属的催化剂，但研究中没有深入研究催化剂形貌的形成机理及其与催化性能直接的构效关系。在今后的工作中需要加强对其形貌尤其是暴露晶面与催化活性关联的研究。

（2）虽然采用水热法制备了一维单晶 $La(OH)_3$ 和 Fe_2O_3 纳米线/棒/管以及 $LaFeO_3$ 纳米材料，对其进行了一些表征，但为评价其对 CO 氧化的催化性能，后续工作将补充这些内容。

（3）研究中虽然考察了催化剂对 CO 和甲苯氧化反应的催化性能，但没有研究其他典型的 VOCs（例如甲醇、甲醛、乙酸乙酯、丙酮等）或者两种、三种混合 VOCs 的催化性能，在今后工作中进行补充。

参 考 文 献

[1] Ye Q, Huo F F, Wang H P, et al. xAu/α-MnO$_2$ catalysts: structure and catalytic oxidation of benzene and toluene [J]. Chem. J. Chin. Univ. , 2013, 34 (5): 1187~1194.

[2] Ciesla U, Demuth D, Leon R, et al. Surfactant controlled preparation of mesostructured transition - metal oxide compounds [J]. J. Chem. Soc. Chem. Commun. , 1994, 11: 1387~1388.

[3] Antonelli D M, Nakahira A, Ying J Y. Ligand-assisted liquid crystal templating in mesoporous niobium oxide molecular sieves [J]. Inorg. Chem. , 1996, 35 (11): 3126~3136.

[4] Velev O D, Jede T A, Lobo R F, et al. Porous silica via colloidal crystallization [J]. Nature, 1997, 389 (6650): 447~448.

[5] Wang Y Q, Yang C M, Schmidt W, et al. Weakly ferromagnetic order mesoporous Co$_3$O$_4$ synthesized by nanocasting from viny-functionlized cubic $Ia3d$ mesoporous silica [J]. Adv. Mater. , 2005, 17: 53~56.

[6] Cui X Z, Zhang H, Dong X P, et al. Electrochemical catalytic activity for the hydrogen oxidation of mesoporous WO$_3$ and WO$_3$/C composites [J]. J. Mater. Chem. , 2008, 18 (30): 3575~3580.

[7] Yan H W, Blanford C F, Holland B T, et al. General synthesis of periodic macroporous solids by templated salt precipitation and chemical conversion [J]. Chem. Mater. , 2000, 12 (29): 1134~1141.

[8] Puertolas B, Solsona B, Agouram S, et al. The catalytic performance of mesoporous cerium oxides prepared through a nanocasting route for the total oxidation of naphthalene [J]. Appl. Catal. B, 2010, 93 (3~4): 395~405.

[9] Wang Y G, Yuan X H, Liu X H, et al. Mesoporous single-crystal Cr$_2$O$_3$: Synthesis, Characterization, and its activity in toluene remoral [J]. Solid State Sci. , 2008, 10 (7): 1117~1123.

[10] Garcia T, Agouram S, Sánchez-Royo J F, et al. Deep oxidation of volatile organic compounds using ordered cobalt oxides prepared by a nanocasting route [J]. Appl. Catal. A, 2010, 386: 16~27.

[11] Sreethawong T, Chavadej S, Ngamsinlapasathian S, et al. A simple route utilizing surfactant-assisted templating sol - gel process for synthesis of mesoporous Dy$_2$O$_3$ nanocrystal [J]. J. Colloid Interf. Sci. , 2006, 300 (1): 219~224.

[12] Yada M, Kitomura H, Ichinose A, et al. Mesoporous magnetic materials based on rare earth oxides [J]. Angew. Chem. Int. Ed. , 1999, 38 (23): 3506~3510.

[13] Kapoor M P, Raj A, Matsumura Y. Methanol decomposition over palladium supported mesoporous CeO$_2$-ZrO$_2$ mixed oxides [J]. Micropor. Mesopor. Mater. , 2001, 44~45: 565~572.

[14] Wang Y, Yin L, Gedanken A. Sonochemical synthesis of meoporous transition metal and rare earth oxides [J]. Ultrason. Sonochem. , 2002, 9: 285~290.

[15] Sinha A K, Suzuki K. Three-dimensional mesoporous chromium oxide: A highly efficient mate-

rial for the elimination of volatile organic compounds [J]. Angew. Chem. Int. Ed. , 2005, 44: 271~273.

[16] Sinha A K, Suzuki K. Preparation and characterization of novel mesoporous ceria-titania [J]. J. Phys. Chem. B, 2005, 109: 1708~1714.

[17] Chen J L, Burger C, Krishnan C V, et al. Morphogenesis of highly ordered mixed-valent mesoporous molybdenum oxides [J]. J. Am. Chem. Soc. , 2005, 127: 14140~14141.

[18] Li J L, Inui T. Enhancement in methanol synthesis activity of a copper/zinc/aluminum oxide catalyst by ultransonic treatment during the course of the preparation procedure [J]. Appl. Catal. A, 1996, 139: 87~92.

[19] Lee J, Orilall M C, Warren S C, et al. Direct acess to thermally stable and highly crystalline mesoporous transitionMetal oxides with uniform pores [J]. Nature Mater. , 2008, 7: 222~228.

[20] Bai B Y, Arandiyan H, Li J H. Comparison of the performance for oxidation of formaldehyde on nano-Co_3O_4, 2D-Co_3O_4, and 3D-Co_3O_4 catalysts [J]. Appl. Catal. B, 2013, 142~143: 677~683.

[21] Xia Y S, Dai H X, Jiang H Y, et al. Mesoporous chromia with ordered three dimensional structures for the complete oxidation of toluene and ethyl acetate [J]. Environ. Sci. Technol. , 2009, 43: 8355~8360.

[22] Xia Y S, Dai H X, Jiang H Y, et al. Three-dimensionally ordered and wormhole-like mesoporous iron oxide catalysts highly active for the oxidation of acetone and methanol [J]. J. Hazard. Mater. , 2011, 186: 84~91.

[23] Xia Y S, Dai H X, Jiang H Y, et al. Three-dimensional ordered mesoporous cobalt oxides: Highly active catalysts for the oxidation of toluene and methanol [J]. Catal. Commun. , 2010, 11: 1171~1175.

[24] Deng J G, Zhang L, Dai H X, et al. Ultrasound-assisted nanocasting fabrication of ordered mesoporous MnO_2 and Co_3O_4 with high surface areas and polycrystalline walls [J]. J. Phys. Chem. C, 2010, 114: 2694~2700.

[25] Tidahy H L, Siffert S, Lamonier J F, et al. New Pd/hierarchical macro-mesoporous ZrO_2, TiO_2 and ZrO_2-TiO_2 catalysts for VOCs total oxidation [J]. Appl. Catal. A, 2006, 310: 61~69.

[26] Barakat T, Idakiev V, Cousin R, et al. Total oxidation of toluene over noble metal based Ce, Fe and Ni doped titanium oxides [J]. Appl. Catal. B, 2014, 146: 138~146.

[27] Sinha A K, Suzuki K, Takahara M, et al. Mesostructured manganese oxide/gold nanoparticle composites for extensive air purification [J]. Angew. Chem. Int. Ed. , 2007, 46: 2891~2894.

[28] Sinha A K, Suzuki K, Takahara M, et al. Preparation and characterization of mesostructured γ-manganese oxide and its application to VOCs elimination [J]. J. Phys. Chem. C, 2008, 112: 16028~16035.

[29] Wang Y F, Zhang C B, Liu F D, et al. Well-dispersed palladium supported on ordered meso-

porous Co_3O_4 for catalytic oxidation of o-xylene [J]. Appl. Catal. B, 2013, 142-143: 72~79.

[30] Liu Y X, Dai H X, Deng J G, et al. Mesoporous Co_3O_4-supported gold nanocatalysts: Highly active for the oxidation of carbon monoxide, benzene, toluene, and o-xylene [J]. J. Catal., 2014, 309: 408~418.

[31] Hosseini M, Barakat T, Cousin R, et al. Catalytic performance of core-shell and alloy Pd-Au nanoparticles for total oxidation of VOC: the effect of metal deposition [J]. Appl. Catal. B, 2012, 111 (3): 218~224.

[32] Li J J, Ma C Y, Xu X Y, et al. Efficient elimination of trace ethylene over nano-gold catalyst under ambient conditions [J]. Environ. Sci. Technol., 2008, 42: 8947~8951.

[33] Ma C Y, Mu Z, Li J J, et al. Mesoporous Co_3O_4 and Au/Co_3O_4 catalysts for low-temperature oxidation of trace ethylene [J]. J. Am. Chem. Soc., 2010, 132: 2608~2613.

[34] Ma C Y, Wang D H, Xue W J, et al. Investigation of formaldehyde oxidation over Co_3O_4-Ce_2 and Au/Co_3O_4-CeO_2 catalysts at room temperature: effective removal and determination of reaction mechanism [J]. Environ. Sci. Technol., 2011, 45 (8): 3628~3634.

[35] Li H F, Lu G Z, Dai Q G, et al. Efficient low-temperature catalytic combustion of trichloroethylene over flower-like mesoporous Mn-doped CeO_2 microspheres [J]. Appl. Catal. B, 2011, 102: 475~483.

[36] Wang X Y, Kang Q, Li D. Catalytic combustion of chlorobenzene over MnO_x-CeO_2 mixed oxide catalysts [J]. Appl. Catal. B, 2009, 86: 166~175.

[37] He C, Yu Y K, Chen C W, et al. Facile preparation of 3D ordered mesoporous CuO_x-CeO_2 with notably enhanced efficiency for the low temperature oxidation of heteroatom-containing volatile organic compounds [J]. RSC. Adv., 2013, 3 (42): 19639~19656.

[38] Wang Y G, Ren J W, Wang Y Q, et al. Nanocasted synthesis of mesoporous $LaCoO_3$ perovskite with extremely high surface area and excellent activity in methane combustion [J]. J. Phys. Chem. C, 2008, 112: 15293~15298.

[39] Gao B Z, Deng J G, Liu Y X, et al. Wormhole-like mesoporous $LaFeO_3$ derived from the KIT-6 and silica nanosphere-tempalting routes: active catalysts for the oxidation of carbon monoxide and toluene [J]. Chin. J. Catal., 2013, 34: 2223~2229.

[40] Zhang J, Jin Y, Li C Y, et al. Creation of three-dimensionally ordered macroporous Au/CeO_2 catalysts with controlled pore sizes and their enhanced catalytic performance for formaldehyde oxidation [J]. Appl. Catal. B, 2009, 91: 11~20.

[41] Liu B C, Li C Y, Zhang Y F, et al. Investigation of catalytic mechanism of formaldehyde oxidation over three-dimensionally ordered macroporous Au/CeO_2 catalyst [J]. Appl. Catal. B, 2012, 111 (2): 467~475.

[42] Liu Y, Liu B C, Wang Q, et al. Three-dimensionally ordered macroporous Au/CeO_2-Co_3O_4 catalysts with mesoporous walls for enhanced CO preferential oxidation in H_2-rich gases [J]. J. Catal., 2012, 296: 65~76.

[43] Liu B C, Liu Y, Li C Y, et al. Three-dimensionally ordered macroporous Au/CeO_2-Co_3O_4,

catalysts with nanoporous walls for enhanced catalytic oxidation of formaldehyde [J]. Appl. Catal. B, 2012, 127: 47~58.

[44] Li H N, Zhang L, Dai H X, et al. Facile synthesis and unique physicochemical properties of three-dimensionally ordered macroporous magnesium oxide, gamma-alumina, and ceria-zirconia solid solutions with crystalline mesoporous walls [J]. Inorg. Chem., 2009, 48: 4421~4434.

[45] Zhang R Z, Dai H X, Du Y C, et al. P123-PMMA dual-templating generation and unique physicochemical properties of three-dimensionally ordered macroporous iron oxides with nanovoids in the crystalline walls [J]. Inorg. Chem., 2011, 50: 2534~2544.

[46] Xie S H, Dai H X, Deng J G, et al. Au/3DOM Co_3O_4: highly active nanocatalysts for the oxidation of carbon monoxide and toluene [J]. Nanoscale, 2013, 5: 11207~11219.

[47] Liu Y X, Dai H X, Du Y C, et al. Controlled preparation and high catalytic performance of three-dimensionally ordered macroporous $LaMnO_3$, with nanovoid skeletons for the combustion of toluene [J]. J. Catal. of Catalysis, 2012, 287 (3): 149~160.

[48] Liu Y X, Dai H X, Du Y C, et al. Lysine-aided PMMA-templating preparation and high performance of three-dimensionally ordered macroporous $LaMnO_3$, with mesoporous walls for the catalytic combustion of toluene [J]. Appl. Catal. B, 2012, s119~120 (3): 20~31.

[49] Liu Y X, Dai H X, Deng J G, et al. Controlled generation of uniform spherical $LaMnO_3$, $LaCoO_3$, Mn_2O_3, and Co_3O_4 nanoparticles and their high catalytic performance for carbon monoxide and toluene oxidation [J]. Inorg. Chem., 2013, 52: 8665~8676.

[50] Liu Y X, Dai H X, Deng J G, et al. PMMA-templating generation and high catalytic performance of chain-like ordered macroporous $LaMnO_3$, supported gold nanocatalysts for the oxidation of carbon monoxide and toluene [J]. Appl. Catal. B, 2013, s 140-141 (8): 317~326.

[51] Ji K M, Dai H X, Deng J G, et al. A comparative study of bulk and 3DOM-structured Co_3O_4, $Eu_{0.6}Sr_{0.4}FeO_3$, and $Co_3O_4/Eu_{0.6}Sr_{0.4}FeO_3$: Preparation, characterization, and catalytic activities for toluene combustion [J]. Appl. Catal. A, 2012, s 447~448 (24): 41~48.

[52] Ji K M, Dai H X, Deng J G, et al. Three-dimensionally ordered macroporous $Eu_{0.6}Sr_{0.4}FeO_3$ supported cobalt oxides: Highly active nanocatalysts for the combustion of toluene [J]. Appl. Catal. B, 2013, 129 (3): 539~548.

[53] Li X W, Dai H X, Deng J G, et al. Au/3DOM $LaCoO_3$: High-performance catalysts for the oxidation of carbon monoxide and toluene [J]. Chem. Eng. J., 2013, 228 (14): 965~975.

[54] Liu Y X, Dai H X, Deng J G, et al. Au/3DOM $La_{0.6}Sr_{0.4}MnO_3$: Highly active nanocatalysts for the oxidation of carbon monoxide and toluene [J]. J. Catal., 2013, 305 (22): 146~153.

[55] Chemelewski K R, Lee E S, Li W, et al. Factors influencing the electrochemical properties of high-voltage spinel cathodes: relative impact of morphology and cation ordering [J]. Chem. Mater., 2015, 25 (14): 2890~2897.

[56] Chemelewski K R, Shin D W, Li W, et al. Octahedral and truncated high-voltage spinel cathodes: the role of morphology and surface planes in electrochemical properties [J].

Mater. Chem. A, 2013, 1 (10): 3347~3354.

[57] Lee E S, Nam K W, Hu E, et al. Influence of cation ordering and lattice distortion on the charge-discharge behavior of $LiMn_{1.5}Ni_{0.5}O_4$ spinel between 5.0 and 2.0 V [J]. Chem. Mater., 2012, 24 (18): 3610~3620.

[58] Joshi U A, Lee J S. Large-scale, surfactant-free, hydrothermal synthesis of lithium aluminate nanorods: optimization of parameters and investigation of growth mechanism [J]. Inorg. Chem., 2007, 46 (8): 3176~3184.

[59] Kwon S W, Park S B. Effect of precursors on the morphology of lithium aluminate prepared by hydrothermal treatment [J]. J. Mater. Sci., 2000, 35 (8): 1973~1978.

[60] Zhao Y, Xie Y, Zhu X, et al. Surfactant-free synthesis of hyperbranched monoclinic bismuth vanadate and its applications in photocatalysis, gas sensing, and lithium-ion batteries [J]. Chem. Eur. J., 2008, 14 (5): 1601~1606.

[61] Tan G Q, Zhang L L, Ren H J, et al. Effects of pH on the hierarchical structures and photocatalytic performance of $BiVO_4$ powders prepared via the microwave hydrothermal method [J]. ACS Appl. Mater. Interfaces, 2013, 5 (11): 5186~5193.

[62] Yan C L, Xue D F. Novel self-assembled MgO nanosheet and its precursors [J]. J. Phys. Chem. B, 2005, 109 (25): 12358~12361.

[63] Xiao W, Wang D L, Lou X W. Shape-controlled synthesis of MnO_2 nanostructures with enhanced electrocatalytic activity for oxygen reduction [J]. J. Phys. Chem. C, 2010, 114 (3): 1694~1700.

[64] Ren Y, Chim W K, Chiam S Y, et al. Formation of nickel oxide nanotubes with uniform wall thickness by low-temperature thermal oxidation through understanding the limiting effect of vacancy diffusion and the kirkendall phenomenon [J]. Adv. Funct. Mater., 2010, 20 (19): 3336~3342.

[65] Lin Y, Xie T, Cheng B C, et al. Ordered nickel oxide nanowire arrays and their optical absorption properties [J]. Chem. Phys. Lett., 2003, 380 (5): 521~525.

[66] Ji G B, Gong Z H, Zhu W X, et al. Simply synthesis of Co_3O_4 nanowire arrays using a solvent-free method [J]. J. Alloys Compd., 2009, 476 (1): 579~583.

[67] Yalçın O, Kartopu G, Çetin H, et al. A comparison of the magnetic properties of Ni and Co nanowires deposited in different templates and on different substrates [J]. J. Magn. Magn. Mater., 2015, 373: 207~212.

[68] Shi J B, Chen Y C, Lee C W, et al. Optical and magnetic properties of 30 and 60nm Ni nanowires [J]. Mater. Lett., 2008, 62 (1): 15~18.

[69] Zheng D S, Sun S X, Fan W L, et al. One-step preparation of single-crystalline $\beta-MnO_2$ nanotubes [J]. J. Phys. Chem. B, 2005, 36 (46): 16439~16443.

[70] Zhou L, He J H, Zhang J, et al. Facile in-situ synthesis of manganese dioxide nanosheets on cellulose fibers and their application in oxidative decomposition of formaldehyde [J]. J. Phys. Chem., C 2011, 115 (34): 16873~16878.

[71] Cao M H, Hu C W, Peng G, et al. Selected-control synthesis of PbO_2 and Pb_3O_4 single-crys-

talline nanorods [J]. J. Am. Chem. Soc., 2003, 125 (17): 4982~4983.

[72] Lian J B, Duan X C, Ma J M, et al. Hematite (α-Fe_2O_3) with various morphologies: Ionic liquid-assisted synthesis, formation mechanism, and properties [J]. ACS Nano, 2009, 3 (11): 3749~3761.

[73] Liu B, Zeng H C. Hydrothermal synthesis of ZnO nanorods in the diameter regime of 50 nm [J]. J. Am. Chem. Soc., 2003, 125 (15): 4430~4431.

[74] Qin W Q, Yang C, Yi R, et al. Hydrothermal synthesis and characterization of single-crystalline α-Fe_2O_3 nanocubes [J]. J. Nanomater, 2011, 2010: 3~5.

[75] Liu Z J, Liu J F, Chang Z, et al. Crystal plane effect of FeO with various morphologies on CO catalytic oxidation [J]. Catal. Commun., 2011, 12 (6): 530~534.

[76] Xie X W, Li Y, Liu Z Q, et al. Low-temperature oxidation of CO catalysed by Co_3O_4 nanorods [J]. Nature, 2009, 458: 746~749.

[77] Xie X W, Shen W J. Morphology control of cobalt oxide nanocrystals for promoting their catalytic performance [J]. Nanoscale 2009, 1: 50~60.

[78] Xie X W, Shang P J, Liu Z Q, et al. Synthesis of nanorod-shaped cobalt hydroxycarbonate and oxide with the mediation of ethylene glycol [J]. J. Phys. Chem. C, 2010, 114 (5): 2116~2123.

[79] Chen X B, Liu L, Yu P Y, et al. Increasing solar absorption for photocatalysis with black hydrogenated titanium dioxide nanocrystals [J]. Science, 2011, 331 (6018): 746~750.

[80] Tartaj P, Morales M P, Gonzalez Carreño T, et al. The iron oxides strike back: from biomedical applications to energy storage devices and photoelectrochemical water splitting [J]. Adv. Mater., 2011, 23 (44): 5243~5249.

[81] Ping L, Miser D E, Rabiei S, et al. The removal of carbon monoxide by iron oxide nanoparticles [J]. Appl. Catal. B, 2003, 43 (2): 151~162.

[82] Ramis G, Yi L, Busca G, et al. Adsorption, activation, and oxidation of ammonia over SCR catalysts [J]. J. Catal., 1995, 157 (2): 523~535.

[83] Zheng Y H, Cheng Y, Wang Y S, et al. Quasicubic α-Fe_2O_3 nanoparticles with excellent catalytic performance [J]. J. Phys. Chem. B, 2006, 110 (7): 3093~3097.

[84] Li S, Zhang Y, Esling C, et al. Determination of surface crystallography of faceted nanoparticles using transmission electron microscopy imaging and diffraction modes [J]. J. Appl. Cryst., 2009, 42 (3): 519~524.

[85] Han X, Kuang Q, Jin M, et al. Synthesis of titaniananosheets with a high percentage of exposed (001) facets and pelated photocatalytic properties [J]. J. Am. Chem. Soc., 2009, 131: 3152~3153.

[86] Cozzoli P D, Kornowski A, Weller H. Low-temperature synthesis of soluble and processable organic-capped anatase TiO_2 nanorods [J]. J. Am. Chem. Soc., 2003, 125 (47): 14539~14548.

[87] Zhang Z H, Zhong X H, Liu S H, et al. Aminolysis route to monodisperse titania nanorods with tunable aspect ratio [J]. Angew. Chem. Int. Ed., 2005, 44 (22): 3466~3470.

[88] Buonsanti R, Grillo V, Carlino E, et al. Nonhydrolytic synthesis of high-quality anisotropically shaped brookite TiO_2 nanocrystals [J]. J. Am. Chem. Soc., 2008, 130 (33): 11223~11233.

[89] Li Y, Tan H, Lebedev O, et al. Insight into the growth of multiple branched MnOOH Nanorods [J]. Cryst. Growth Des., 2010, 10 (7): 2969~2976.

[90] Gao T, Krumeich F, Nesper R, et al. Microstructures, surface properties, and topotactic transitions of manganite nanorods [J]. Inorg. Chem., 2009, 48 (13): 6242~6250.

[91] Folch B, Larionova J, Guari Y, et al. Synthesis of MnOOH nanorods by cluster growth route from $[Mn_{12}O_{12}(RCOO)_{16}(H_2O)_n]$ ($R = CH_3$, C_2H_5) rational conversion of MnOOH into Mn_3O_4 or MnO_2 nanorods [J]. J. Solid State Chem., 2005, 178 (7): 2368~2375.

[92] Yang Z, Zhang Y, Zhang W, et al. Nanorods of manganese oxides: Synthesis, characterization and catalytic application [J]. J. Solid State Chem., 2006, 179 (3): 679~684.

[93] Ferreira O P, Otubo L, Ricardo Romano A, et al. One-dimensional nanostructures from layered manganese oxide [J]. Cryst. Growth Des., 2006, 6 (2): 601~606.

[94] Gao T, Norby P, Krumeich F, et al. Synthesis and properties of layered-structured Mn_5O_8 nanorods [J]. J. Phys. Chem. C, 2010, 114 (2): 922~928.

[95] He T, Xiang L, Zhu S. Hydrothermal preparation of boehmite nanorods by selective adsorption of sulfate [J]. Langmuir, 2008, 24 (15): 8284~8289.

[96] Zhu H Y, Riches J D, Barry J C. γ-Alumina nanofibers prepared from aluminum hydrate with poly (ethylene oxide) surfactant [J]. Chem. Mater., 2002, 14 (5): 2086~2093.

[97] Digne M, Sautet P, Raybaud P, et al. Use of DFT to achieve a rational understanding of acid-basic properties of γ-alumina surfaces [J]. J. Catal., 2004, 226 (1): 54~68.

[98] Christiansen M A, Mpourmpakis G, Vlachos D G. Density functional theory-computed mechanisms of ethylene and diethyl ether formation from ethanol on γ-Al_2O_3(100) [J]. ACS Catal., 2013, 3: 1965~1975.

[99] Kwak J H, Mei D, Peden C H F, et al. (100) Facets of γ-Al_2O_3: The active surfaces for alcohol dehydration reactions [J]. Catal. Lett., 2011, 141: 649~655.

[100] Kohli P S, Kumar M, Raina K K, et al. Mechanism for the formation of low aspect ratio of $La(OH)_3$ nanorods in aqueous solution: Thermal and frequency dependent behaviour [J]. J. Mater. Sci.: Mater. Electron., 2012, 23: 2257~2263.

[101] Tang B, Ge J, Wu C, et al. Sol-solvothermal synthesis and microwave evolution of $La(OH)_3$ nanorods to La_2O_3 nanorods [J]. Nanotechnology, 2004, 15: 1273~1276.

[102] Zhang N, Yi R, Zhou L, et al. Lanthanide hydroxide nanorods and their thermal decomposition to lanthanide oxide nanorods [J]. Mater. Chem. Phys., 2009, 114: 160~167.

[103] Mu Q, Wang Y. Synthesis, characterization, shape-preserved transformation, and optical properties of $La(OH)_3$, $La_2O_2CO_3$, and La_2O_3 nanorods [J]. J. Alloys Compd., 2011, 509: 396~401.

[104] Zhou K, Wang X, Sun X, et al. Enhanced catalytic activity of ceria nanorods from well-de-

fined reactive crystal planes [J]. J. Catal., 2005, 229: 206~212.

[105] Gao Q X, Wang X F, Di J L, et al. Enhanced catalytic activity of $\alpha-Fe_2O_3$ nanorods enclosed with {110} and {001} planes for methane combustion and CO oxidation [J]. Catal. Sci. Technol., 2011, 1: 574~577.

[106] Liu X, Liu J, Chang Z, et al. Crystal plane effect of Fe_2O_3 with various morphologies on CO catalytic oxidation [J]. Catal. Commun., 2011, 12: 530~534.

[107] Li J C, Xiang L, Xu F, et al. Effect of hydrothermal treatment on the acidity distribution of $\gamma-Al_2O_3$ support [J]. Appl. Surf. Sci., 2006, 253: 766~770.

[108] Kay A, Cesar I, Grätzel M. New benchmark for water photooxidation by nanostructured $\alpha-Fe_2O_3$ films [J]. J. Am. Chem. Soc., 2007, 38 (11): 15714~15721.

[109] Huo L H, Li Q, Zhao H, et al. Sol-gel route to pseudocubic shaped $\alpha-Fe_2O_3$, alcohol sensor: preparation and characterization [J]. Sens. Actuat. B, 2005, 107 (2): 915~920.

[110] Lü W, Yang D, Sun Y, et al. Preparation and structural characterization of nanostructured iron oxide thin films [J]. App. Surf. Sci., 1999, 147 (1~4): 39~43.

[111] Wei G, Qin W, Zhang D, et al. Synthesis and field emission of MoO_3, nanoflowers by a microwave hydrothermal route [J]. J. Alloy Compd., 2009, 481 (1): 417~421.

[112] Wu X H, Ding X B, Qin W, et al. Enhanced photo-catalytic activity of TiO_2 films with doped La prepared by micro-plasma oxidation method [J]. J. Hazard. Mater., 2006, 137 (1): 192~197.

[113] Wu X H, Wei Q, Ding X B, et al. Photocatalytic activity of Eu-doped TiO_2, ceramic films prepared by microplasma oxidation method [J]. J. Phys. Chem. Solids, 2007, 68 (12): 2387~2393.

[114] Wu X H, Wei Q, Ding X B, et al. Dopant influence on the photo-catalytic activity of TiO_2 films prepared by micro-plasma oxidation method [J]. J. Mol. Catal. A, 2007, 268 (1): 257~263.

[115] Bayati M R, Golestani-Fard F, Moshfegh A Z. Photo-degradation of methelyne blue over $V_2O_5-TiO_2$, nano-porous layers synthesized by micro arc oxidation [J]. Catal. Lett., 2010, 134 (1~2): 162~168.

[116] Bayati M R, Moshfegh A Z, Golestani-Fard F. In situ growth of vanadia-titania nano/microporous layers with enhanced photocatalytic performance by micro-arc oxidation [J]. Electrochim. Acta, 2010, 55 (9): 3093~3102.

[117] Bayati M R, Golestani-Fard F, Moshfegh A Z. Visible photodecomposition of methylene blue over micro arc oxidized WO_3-loaded TiO_2, nano-porous layers [J]. Appl. Catal. A, 2010, 382 (2): 322~331.

[118] Li F B, Li X Z, Hou M F. Photocatalytic degradation of 2-mercaptobenzothiazole in aqueous $La^{3+}-TiO_2$ suspension for odor control [J]. Appl. Catal. B, 2004, 48 (3): 185~194.

[119] Patel A, Shukla P, Chen J, et al. Activity of Mesoporous-MnO_x ($m-MnO_x$) and CuO/$m-MnO_x$ for Catalytic Reduction of NO with CO [J]. Catal. Today, 2013, 212: 38~44.

[120] Wu Y, Lu Y, Song C, et al. A novel redox-precipitation method for the preparation of $\alpha-$

MnO_2 with a high surface Mn^{4+} concentration and its activity toward complete catalytic oxidation of o-xylene [J]. Catal. Today, 2013, 201 (1): 32~39.

[121] Andreoli S, Deorsola F A, Galletti C, et al. Nanostructured MnO_x, catalysts for low-temperature MnO_x SCR [J]. Chem. Eng. J. , 2015, 278: 174~182.

[122] Peña D A, Uphade B S, Smirniotis P G. TiO_2-supported metal oxide catalysts for low-temperature selective catalytic reduction of NO with NH_3: I. Evaluation and characterization of first row transition metals [J]. J. Catal. , 2004, 221 (2): 421~431.

[123] Lahousse C, Bernier A, Grange P, et al. Evaluation of $\gamma-MnO_2$ as a VOC removal catalyst: Comparison with a noble metal catalyst [J]. J. Catal. , 1998, 178 (1): 214~225.

[124] Saputra E, Muhammad S, Sun H, et al. Different crystallographic one-dimensional MnO_2 nanomaterials and their superior performance in catalytic phenol degradation [J]. Environ. Sci. Technol. , 2013, 47 (11): 5882~5887.

[125] Xu R, Xun W, Wang D, et al. Surface structure effects in nanocrystal MnO_2, and Ag/MnO_2, catalytic oxidation of CO [J]. J. Catal. , 2006, 237 (2): 426~430.

[126] Scirè S, Liotta L F. Supported gold catalysts for the total oxidation of volatile organic compounds [J]. Appl. Catal. B, 2012, 125 (2): 222~246.

[127] Barakat T, Rooke J C, Genty E, et al. Gold catalysts in environmental remediation and water-gas shift technologies [J]. Energy Environ. Sci. , 2013, 6 (2): 371~391.

[128] Treviño H, Sachtler W M H, Lei G D. CO hydrogenation to higher oxygenates over promoted rhodium: Nature of the metal-promoter interaction in RhMn/NaY [J]. J. Catal. , 1995, 154 (2): 245~252.

[129] Somorjai G A, Borodko Y G. Research in nanosciences-great opportunity for catalysis science [J]. Catal. Lett. , 2001, 76 (1~2): 1~5.

[130] Deng J G, Zhang L, Dai H X, et al. Single-crystalline $La_{0.6}Sr_{0.4}CoO_{3-\delta}$ nanowires/nanorods derived hydrothermally without the use of a template: catalysts highly active for toluene complete oxidation [J]. Catal. Lett. , 2008, 123 (3~4): 294~300.

[131] Deng J G, Zhang Y, Dai H X, et al. Effect of hydrothermal treatment temperature on the catalytic performance of single-crystalline $La_{0.5}Sr_{0.5}MnO_{3-\delta}$ microcubes for the combustion of toluene [J]. Catal. Today, 2008, 139 (1~2): 82~87.

[132] Deng J G, Zhang L, Dai H X, et al. Hydrothermally fabricated single-crystalline strontium-substituted lanthanum manganite microcubes for the catalytic combustion of toluene [J]. J. Mol. Catal. A, 2009, 299 (1): 60~67.

[133] Deng J G, Zhang L, Dai H X, et al. A study on the relationship between low-temperature reducibility and catalytic performance of single-crystalline $La_{0.6}Sr_{0.4}MnO_{3+\delta}$ microcubes for toluene combustion [J]. Catal. Lett. , 2009, 130 (3~4): 622~629.

[134] Joshi U A, Lee J S. Template-free hydrothermal synthesis of single-crystalline barium titanate and strontium titanate nanowires [J]. Small, 2005, 1 (12): 1172~1176.

[135] Joshi U A, Yoon S, Baik S, et al. Surfactant-free hydrothermal synthesis of highly tetragonal barium titanate nanowires: a structural investigation [J]. J. Phys. Chem. B, 2006, 110

(25): 12249~12256.

[136] Gu H S, Hu Y M, Wang H, et al. Fabrication of lead titanate single crystalline nanowires by hydrothermal method and their characterization [J]. J. Sol - Gel Sci. Technol., 2007, 42 (3): 293~297.

[137] Gu H S, Hu Y M, You J, et al. Characterization of single-crystalline PbTiO$_3$ nanowire growth via surfactant-free hydrothermal method [J]. J. Appl. Phys., 2007, 101 (2): 24319~24324.

[138] Mao Y B, Banerjee S, Wong S S. Hydrothermal synthesis of perovskite nanotubes [J]. Am. Chem. Soc., 2003, 125 (3): 15718~15719.

[139] Deng H, Qiu Y C, Yang S H. General surfactant-free synthesis of MTiO$_3$ (M=Ba, Sr, Pb) perovskite nanostrips [J]. J. Mater. Chem., 2009, 19 (7): 976~982.

[140] Wang Y, Fan H J. Improved thermoelectric properties of La$_{1-x}$Sr$_x$CoO$_3$ nanowires [J]. J. Phys. Chem. C, 2010, 114 (32): 13947~13953.

[141] Yue C B, Fang D, Liu L, et al. Synthesis and application of task-specific ionic liquids used as catalysts and/or solvents in organic unit reactions [J]. J. Mol. Liquids, 2011, 163 (3): 99~121.

[142] Yao C Z, Zhang P, Tong Y X, et al. Electrochemical synthesis and magnetic studies of Ni-Fe-Co-Mn-Bi-Tm high entropy alloy film [J]. Chem. Res. Chin. Univ., 2010, 26 (4): 640~644.

[143] Zhang Q, Huang J Q, Zhao M Q, et al. Carbon nanotube mass production: principles and processes [J]. Chem. Sus. Chem., 2011, 4 (7): 864~889.

[144] Foo S Y, Cheng C K, Nguyen T H, et al. Kinetic study of methane CO$_2$ reforming on Co-Ni/Al$_2$O$_3$ and Ce-Co-Ni/Al$_2$O$_3$ catalysts [J]. Catal. Today, 2011, 164 (1): 221~226.

[145] Ren Y, Ma Z, Qian L P, et al. Ordered crystalline mesoporous oxides as catalysts for CO oxidation [J]. Catal. Lett., 2009, 131 (1~2): 146~154.

[146] Sun S J, Gao Q M, Wang H L, et al. Influence of textural parameters on the catalytic behavior for CO oxidation over ordered mesoporous Co$_3$O$_4$ [J]. Appl. Catal. B, 2010, 97 (1): 284~291.

[147] Ye Q, Zhao J S, Huo F F, et al. Nanosized Au supported on three-dimensionally ordered mesoporous β-MnO$_2$: Highly active catalysts for the low-temperature oxidation of carbon monoxide, benzene, and toluene [J]. Micropor. Mesopor. Mater., 2013, 172 (172): 20~29.

[148] Bai B Y, Li J H, Hao J M. 1D-MnO$_2$, 2D-MnO$_2$ and 3D-MnO$_2$ for low-temperature oxidation of ethanol [J]. Appl. Catal. B, 2015, 164: 241~250.

[149] Jiao F, Bruce P G. Mesoporous crystalline β-MnO$_2$ a reversible positive electrode for rechargeable lithium batteries [J]. Adv. Mater., 2007, 19 (5): 657~660.

[150] Gandía L M, Vicente M A, Gil A. Complete oxidation of acetone over manganese oxide catalysts supported on alumina-and zirconia-pillared clays [J]. Appl. Catal. B, 2002, 38 (4): 295~307.

[151] Sinha A K, Suzuki K. Novel mesoporous chromium oxide for VOCs elimination [J].

Appl. Catal. B, 2007 (1~4), 70: 417~422.

[152] Sinha A K, Suzuki K. Three-dimensional mesoporous chromium oxide: a highly efficient material for the elimination of volatile organic compounds [J]. Angew. Chem. Int. Ed., 2005, 44 (2): 271~273.

[153] Wang F, Dai H X, Deng J G, et al. Manganese oxides with rod-, wire-, tube-, and flower-like morphologies: highly effective catalysts for the removal of toluene [J]. Environ. Sci. Technol., 2012, 46 (7): 4034~4041.

[154] Shi F J, Wang F, Dai H X, et al. Rod-, flower-, and dumbbell-like MnO_2: Highly active catalysts for the combustion of toluene [J]. Appl. Catal. A, 2012, 433~434: 206~213.

[155] Ryoo R, Joo S H, Jun S. Synthesis of Highly Ordered Carbon Molecular Sieves via Template-Mediated Structural Transformation [J]. J. Phys. Chem. B, 1999, 103: 7743~7746.

[156] Kleitz F, Choi S H, Ryoo R. Cubic $Ia3d$ large mesoporous silica: synthesis and replication to platinum nanowires, carbon nanorods and carbon nanotubes [J]. Chem. Commun., 2003, 9 (17): 2136~2137.

[157] Comotti M, Li W C, Spliethoff B, et al. Support effect in high activity gold catalysts for CO oxidation [J]. J. Am. Chem. Soc., 2006, 128 (3): 917~924.

[158] Zhu K, Yue B, Zhou W Z, et al. Preparation of three-dimensional chromium oxide porous single crystals templated by SBA-15 [J]. Chem. Commun., 2003, 2003, 9 (1): 98~99.

[159] Dickinson C, Zhou W Z, Hodgkins R P, et al. Formation mechanism of porous single-crystal Cr_2O_3 and Co_3O_4 templated by mesoporous silica [J]. Chem. Mater., 2006, 18 (13): 3088~3095.

[160] Jiao F, Harrison A, Jumas J C, et al. Ordered mesoporous Fe_2O_3 with crystalline walls [J]. J. Am. Chem. Soc., 2006, 128 (16): 5468~5474.

[161] Lezau A, Trudeau M, Tsoi G M, et al. Mesostructured Fe oxide synthesized by ligand-assisted templating with a chelating triol surfactant [J]. J. Phys. Chem. B, 2004, 108 (17): 5211~5216.

[162] Sinha A K, Suzuki K. Three-dimensional mesoporous chromium oxide: a highly efficient material for the elimination of volatile organic compounds [J]. Angew. Chem. Int. Ed., 2005, 44 (2): 271~273.

[163] Hu L H, Sun K Q, Peng Q, et al. Surface active sites on Co_3O_4 nanobelt and nanocube model catalysts for CO oxidation [J]. Nano Res., 2010, 3 (5): 363~368.

[164] Yao Y Y. The oxidation of hydrocarbons and CO over metal oxides. III. Co_3O_4 [J]. J. Catal., 1974, 33: 108~122.

[165] Perti D, Kabel R L. Kinetics of CO oxidation over $Co_3O_4/\gamma-Al_2O_3$. Part I: steady state [J]. Aiche J., 1985, 31 (9): 1420~1446.

[166] Garcia T, Agouram S, Sánchez-Royo J F, et al. Deep oxidation of volatile organic compounds using ordered cobalt oxides prepared by a nanocasting route [J]. Appl. Catal. A, 2010, 386 (1~2): 16~27.

[167] Tüysüz H, Comotti M, Schüth F. Ordered mesoporous Co_3O_4 as highly active catalyst for low

temperature CO-oxidation [J]. Chem. Commun., 2008, 34 (34): 4022~4024.
[168] Li W B, Wang J X, Gong H. Catalytic combustion of VOCs on non-noble metal catalysts [J]. Catal. Today, 2009, 148 (1~2): 81~87.
[169] Ren Y, Ma Z, Bruce P G. Ordered mesoporous metal oxides: synthesis and applications [J]. Soc. Rev., 2012, 41 (14): 4909~4927.
[170] Wan Y, Zhao D Y. On the controllable soft-templating approach to mesoporous silicates [J]. Chem. Rev., 2007, 107 (7): 2821~2860.
[171] Zhao D Y, Feng J L, Huo Q S, et al. Triblock copolymer syntheses of mesoporous silica with periodic 50 to 300 angstrom pores [J]. Science, 1998, 279 (5350): 548~552.
[172] Zhao D Y, Huo Q S, Feng J L, et al. Nonionic triblock and star diblock copolymer and oligomeric surfactant syntheses of highly ordered, hydrothermally stable, mesoporous silica structures [J]. J. Am. Chem. Soc., 1998, 120: 6024~6036.
[173] Li Y, Feng Z C, Lian Y X, et al. Direct synthesis of highly ordered Fe-SBA-15 mesoporous materials under weak acidic conditions [J]. Micropor. Mesopor. Mater., 2005, 84: 41~49.
[174] Grieken R V, Escola J M, Moreno J, et al. Direct synthesis of mesoporous M-SBA-15 (M= Al, Fe, B, Cr) and application to 1-hexene oligomerization [J]. Chem. Eng. J., 2009, 155 (1): 442~450.
[175] Reyes-Carmona Á, Ma D S, Nieto J M L, et al. Iron-containing SBA-15 as catalyst for partial oxidation of hydrogen sulfide [J]. Catal. Today, 2013, 210 (7): 117~123.
[176] Ma Z, Ren Y, Bruce P G. Co_3O_4-KIT-6 composite catalysts: synthesis, characterization, and application in catalytic decomposition of N_2O [J]. J. Nanopart. Res., 2012, 14 (8): 1~11.
[177] Li Y S, Chen Y, Li L, et al. A simple Co-impregnation route to load highly dispersed Fe (III) centers into the pore structure of SBA-15 and the extraordinarily high catalytic performance [J]. Appl. Catal. A, 2009, 366: 57~64.
[178] Huang R H, Yan H H, Li L S, et al. Catalytic activity of Fe/SBA-15 for ozonation of dimethyl phthalate in aqueous solution [J]. Appl. Catal. B, 2011, 106: 264~271.
[179] Zhang Q H, Li Y, An D L, et al. Catalytic behavior and kinetic features of FeO_x/SBA-15 catalyst for selective oxidation of methane by oxygen [J]. Appl. Catal. A, 2009, 356: 103~111.
[180] Cano L A, Cagnoli M V, Bengoa J F, et al. Effect of the activation atmosphere on the activity of Fe catalysts supported on SBA-15 in the fischer-tropsch synthesis [J]. J. Catal., 2011, 278: 310~320.
[181] Kumar M S, Pérez-Ramírez J, Debbagh M N, et al. Evidence of the vital role of the pore network on various catalytic conversions of N_2O over Fe-Silicalite and Fe-SBA-15 with the same iron constitution [J]. Appl. Catal. B, 2006, 62: 244~254.
[182] Zhang R D, Shi D J, Liu N, et al. Mesoporous SBA-15 promoted by 3d-transition and noble metals for catalytic combustion of acetonitrile [J]. Appl. Catal. B, 2014, 146: 79~93.
[183] Zhang L, Zhao Y H, Dai H X, et al. A comparative investigation on the properties of Cr-

SBA-15 and CrO_x/SBA-15 [J]. Catal. Today, 2008, 131: 42~54.

[184] Shukla P, Wang S B, Sun H Q, et al. Adsorption and heterogeneous advanced oxidation of phenolic contaminants using Fe loaded mesoporous SBA-15 and H_2O_2 [J]. Chem. Eng. J., 2010, 164: 255~260.

[185] Wang H L, Tian H, Hao Z P. Study of DDT and its derivatives DDD, DDE adsorption and degradation over Fe-SBA-15 at low temperature [J]. J. Environ. Sci., 2012, 24: 536~540.

[186] Vinu A, Sawant D P, Ariga K, et al. Direct synthesis of well-ordered and unusually reactive Fe-SBA-15 mesoporous molecular sieves [J]. Chem. Mater., 2005, 17: 5339~5345.

[187] Selvaraj M, Kawi S. An optimal direct synthesis of Cr-SBA-15 mesoporous materials with enhanced hydrothermal stability [J]. Chem. Mater., 2007, 19: 509~519.

[188] Wang Y, Ohishi Y, Shishido T, et al. Characterizations and catalytic properties of Cr-MCM-41 prepared by direct hydrothermal synthesis and template-ion exchange [J]. J. Catal., 2003, 220: 347~357.

[189] Brundle C R, Chuang T J, Wandelt K. Core and valence level photoemission studies of iron oxide surfaces and the oxidation of iron [J]. Surf. Sci., 1977, 68: 459~468.

[190] Castro C S, Olieviera L C A, Guerreiro M C. Effect of hydrogen treatment on the catalytic activity of iron oxide based materials dispersed over activated carbon: Investigations toward hydrogen peroxide decomposition [J]. Catal. Lett., 2009, 133: 41~48.

[191] Ismail H M, Cadenhead D A, Zaki M I. Surface reactivity of iron oxide pigmentary powders toward atmospheric components: XPS, FESEM, and gravimetry of CO and CO_2 adsorption [J]. J. Colloid. Interf. Sci., 1997, 194: 482~488.

[192] Yamashita T, Hayes P. Analysis of XPS spectra of Fe^{2+} and Fe^{3+} ions in oxide materials [J]. Appl. Surf. Sci., 2008, 254: 2441~2449.

[193] Tuel A, Arcon I, Millet J M M. Investigation of structural iron species in Fe-mesoporous silicas by spectroscopic techniques [J]. J. Chem. Soc. Faraday Trans., 1998, 94 (23): 3501~3510.

[194] Li Y, Feng Z C, Xin H C, et al. Effect of aluminum on the nature of the iron species in Fe-SBA-15 [J]. J. Phys. Chem. B, 2006, 110 (51): 26114~26121.

[195] Hou B, Wu Y S, Wu L L, et al. Hydrothermal synthesis of cubic ferric oxide particles [J]. Mater. Lett., 2006, 60 (25): 3188~3191.

[196] Arena F, Gatti G, Martra G, et al. Structure and reactivity in the selective oxidation of methane to formaldehyde of low-loaded FeO_x/SiO_2 catalysts [J]. J. Catal., 2005, 231 (2): 365~380.

[197] Bordiga S, Buzzoni R, Geobaldo F, et al. Structure and reactivity of framework and extraframework iron in Fe-silicalite as investigated by spectroscopic and physicochemical methods [J]. J. Catal., 1996, 158 (2): 486~501.

[198] Pérez-Ramírez J, Mul G, Kapteijn F, et al. Physicochemical characterization of isomorphously substituted Fe-ZSM-5 during activation [J]. J. Catal., 2002, 207 (1):

113~126.

[199] Chen K D, Bell A T, Iglesia E. The relationship between the electronic and redox properties of dispersed metal oxides and their turnover rates in oxidative dehydrogenation reactions [J]. J. Catal., 2002, 209 (1): 35~42.

[200] Deng J G, Zhang L, Dai H X, et al. In situ hydrothermally synthesized mesoporous $LaCoO_3$/SBA-15 catalysts: High activity for the complete oxidation of toluene and ethyl acetate [J]. Appl. Catal. A, 2009, 352 (1): 43~49.

[201] Scirè S, Minicò S, Crisafulli C, et al. Catalytic combustion of volatile organic compounds over group IB metal catalysts on Fe_2O_3 [J]. Catal. Commun., 2001, 2 (6~7): 229~232.

[202] Durán F G, Barbero B P, Cadús L E, et al. Manganese and iron oxides as combustion catalysts of volatile organic compounds [J]. Appl. Catal. B, 2009, 92 (1): 194~201.

[203] Im S H, Lim Y T, Suh D J, et al. Three-dimensional self-assembly of colloids at a water-air interface: A novel technique for the fabrication of photonic bandgap crystals [J]. Adv. Mater., 2002, 14 (19): 1367~1369.

[204] Comotti M, Li W C, Spliethoff B, et al. Support effect in high activity gold catalysts for CO oxidation [J]. J. Am. Chem. Soc., 2006, 128 (3): 917~924.